经典菜品
创意制作

JINGDIAN CAIPIN CHUANGYI ZHIZUO　　高山　主编

U0364486

中国劳动社会保障出版社

图书在版编目（CIP）数据

经典菜品创意制作/高山主编. —北京：中国劳动社会保障出版社，2014
ISBN 978-7-5167-0769-2

Ⅰ.①经… Ⅱ.①高… Ⅲ.①中式菜肴-烹饪-方法 Ⅳ.①TS972.117

中国版本图书馆CIP数据核字（2014）第168230号

中国劳动社会保障出版社出版发行

（北京市惠新东街1号 邮政编码：100029）

*

三河市潮河印业有限公司印刷装订 新华书店经销

787毫米×1092毫米 16开本 10.5印张 203千字
2014年7月第1版 2014年7月第1次印刷
定价：38.00 元

读者服务部电话：(010)64929211/64921644/84643933
发行部电话：(010)64961894
出版社网址：http://www.class.com.cn

编审人员名单

主编：**高山**（北京联合大学旅游学院餐饮管理系教师）

高山工作室

编者：**陈北**（北京空港配餐公司、专业创意美食摄影师）

李明哲（中国社会科学院财经战略研究院中国餐饮企业助理研究员）（韩国）

尤卫东（国家职业资格一级烹调师，北京外交公寓餐饮部淮扬菜出品总监。）

刘永亮（北京北辰集团元辰鑫酒店中餐厅厨师长，国家职业资格一级烹调师。）

余晓凤（北京红京鱼餐饮公司首席厨师长。）

于仁文（中国人民解放军北京军区总医院高干病房营养餐厅首席营养师、管理员。）

刘晓东（北京华天凯丰餐饮服务有限公司，餐厅经理，国家职业资格一级烹调师。）

王晓龙（北京市外事学校烹饪专业教师。）

马继军（北京晋阳饭庄银谷店，副总经理，行政总厨，国家职业资格一级烹调师。）

孙果（国家职业资格一级烹调师，餐饮职业经理人。）

孙德杰（北京蝴蝶泉宾馆餐饮部副经理，行政总厨。）

审稿：**郑秀生**（北京饭店行政总厨）

杨真（北京市旅游培训考试中心主管）

北京是饮食文化的大熔炉，融合了农耕与游牧、传统与现代、中国与世界、地域与民族，荟萃了众多饮食文化风俗、烹饪技法和饮食文化。

本书采集了北京联合大学烹饪与营养专业班、外国留学生班、餐饮经营管理专业班、朝鲜中国烹饪研修班、全聚德班的中式烹调实践课程中的师生作品。记录了北京旅游发展委员会近几年主办的北京职业技能大赛、全国高等院校烹饪专业学生技能大赛中各位师傅、朋友、同学、毕业生们的作品，还收集了北京餐饮业时尚饮食潮流的代表菜式，在此，向尊敬的师傅们、同行朋友们、同学们表示感谢！北京饮食文化因为你们而精彩，因为你们而骄傲，因为你们而强大。

厨房既是江湖，也是净土，厨师们用聪明才智、勤劳的双手，辛勤的汗水、无声的语言、凝固的艺术，前仆后继，默默无闻，铸就了北京饮食文化的软实力。

本书记录的菜肴将时尚与传统相互交错，没有南北大菜的喧嚣和奢华，没有名厨大师的高调和浮夸，没有暴殄天物和矫揉造作，有的是朴实和真诚，以及我们对饮食文化的那一份热爱。

最后，向阅读此书的朋友，向帮助出版此书的各位同仁鞠躬致敬！

目录

CONTENTS

目录

CONTENTS

目录
CONTENTS

目录

CONTENTS

CONTENTS

贝螺类

目录

CONTENTS

目录

CONTENTS

【肉类】

脊骨炖土豆

| 菜品类型：主 菜 |
| 烹调方法：炖 煮 |
| 准备时间：约10分钟 |
| 烹调时间：约40分钟 |
| 原料品种：猪脊骨 |
| 菜式风格：韩 式 |
| 主要厨具：石锅、炒锅、手勺、切刀、砧板、漏勺、剁刀 |

成品特点 此菜式整体颜色层次分明，色彩协调直观，肉质口味咸鲜，口感柔韧，蔬菜和肉的香味相互融合，菜中有肉香，肉中有菜鲜，脂肪含量较少，含丰富的食物纤维。

 原 料

主 料 猪脊骨肉600g

配 料 阴干白菜100g 金针菇50g 土豆球200g
紫苏叶50g 年糕片100g

调 料 胡椒粉10g 米酒50g 黄豆酱30g
大葱条40g 花生油50g 辣椒酱50g 猪骨汤1 000g

相关知识

土豆淀粉

土豆属于块茎植物，支链淀粉含量相对多，糊化时间相对较短，黏性较强，膨胀力度较强，透明度较高，尤其是经过脱色处理的马铃薯淀粉、甘薯淀粉、木薯淀粉、红薯淀粉适合芡汁增稠。

土豆配菜可以吸收大量的汤汁，土豆淀粉与汤汁结合，可使汤汁黏稠。

制作步骤

1 猪脊骨肉剁成拳头大块，冷水下锅烧开焯水后清洗干净，然后将猪骨汤烧开，将猪脊骨肉放入炖煮20分钟，使肉质成熟。

2 金针菇清洗干净，阴干白菜冷水浸泡10分钟回软后挤干水分。

3 炒锅将辣椒酱、黄豆酱、胡椒粉用花生油炒香，烹入米酒，加入猪骨汤，调理好口味、颜色和量。

4 将脊骨放在锅中，放入猪骨汤淹没，上面盖上阴干白菜、土豆球、金针菇、紫苏叶、年糕片、大葱条，堆积呈塔形。

5 在餐台上加热炖制20分钟使肉质离骨、水分蒸发，配上黄豆酱辅助调理味道即可。

东坡红烧肉

菜品类型：主 菜
烹调方法：焖 烧
准备时间：约30分钟
烹调时间：约80分钟
原料品种：带皮去骨猪五花肉
菜式风格：浙 式
主要厨具：砂锅、炸锅、炒锅、手勺、漏勺、切刀、砧板、竹篦子

成品特点 菜品形态完整，肉呈方形，肉皮色泽红润膨胀，味道咸甜并重，醇香浓厚，肉肥而不腻，质软而不失其形。

制作步骤

1 用喷枪将五花肉的表皮烧燎焦煳，热水浸冷却回软后刮净表皮，清洗干净后放入沸水锅焯水煮5分钟，捞出切成大肉方，涂抹酱油晾干表面。

2 肉方经过急速冻冻后，取出切成回字型花刀。

3 炒锅内放入少量花生油，用小火煸炒白糖成焦糖色，放入葱段、姜片和肉方，迅速翻拌炒制，烹入黄酒，加入冰糖、香叶、刚好淹没肉方，烧开后，撇掉浮沫备用。

4 大砂锅垫上竹篦子，铺上葱段、姜片，从炒锅内捞出肉方，皮面朝下整齐排放在葱、姜上面，加入冰糖、食盐、酱油，加黄酒刚好淹没肉方，加盖用旺火烧沸。改成小火慢慢焖烧1小时左右。

5 肉方焖烧至酥软成熟后，轻轻地取出，皮朝上方摆放在餐盘中。

6 酱汁过滤到炒锅中，调理好口味色泽，收汁黏稠光亮后，浇淋在肉方上面。

原 料

主料 五花肉600g

调料 黄酒500g 姜汁10g 冰糖100g 食盐5g

葱段20g 姜片50g 香叶10g 白糖30g 酱油50g

花生油40g

相关知识

猪肉颂

苏轼(1037—1101)北宋文学家、书画家。字子瞻，号东坡居士。眉州眉山(今属四川)人。一生仕途坎坷，学识渊博，天资极高，诗文书画皆精。相传他被贬到黄州(今属湖北黄冈市)当差时，曾随心所欲写下一首打油诗：黄州好猪肉，价钱等粪土。富者不肯吃，贫者不解煮。洗净铛，少着水，柴头罨烟焰不起，慢着火，多着酒，火候足时它自美，每日起来打一碗，饱得自家君莫管。随着这首打油诗在民间的传播，人们使用"东坡"来为这道菜冠名。

金牌蒜香骨

菜品类型：主 菜

烹调方法：炸 制

准备时间：约80分钟

烹调时间：约50分钟

原料品种：猪肋排

菜式风格：粤 式

主要厨具：炸锅、手勺、切刀、砧板、漏勺、吸油纸、粉碎机

成品特点 形体完整统一，刀口整齐均匀，颜色红润光亮，口味蒜香浓郁，咸鲜醇厚，口感外焦里嫩。

原 料

主料 猪肋排 600g

调料 生姜20g　大蒜50g　香菜梗10g

胡椒粉5g　玫瑰露酒20g　食盐5g　玉米淀粉50g

芹菜20g　胡萝卜50g　葱头20g　香叶10g

花生油500g

相关知识

潜伏在食用油中的危害

　　油炸过程中油处于高温状态，黏度升高，重复使用几次即变成黑褐色，油很快变质，不能食用。积存在锅底的食物残渣，随着油使用时间的延长而增多，不但使油变得污浊，氧化后还会生成致癌物质，人长期食用后会导致人体的神经麻痹、胃肿瘤，甚至死亡。高温下长时间使用的炸油，会产生热氧化反应，生成不饱和脂肪酸的过氧化物，直接妨碍机体对油脂和蛋白质的吸收，降低食品的营养价值。

制作步骤

1 猪肋排顺骨逢斩成8厘米长的段，放入热水中泡去血水，漂去腥味。

2 大蒜剁碎用少量清水浸泡，滤得大蒜汁。

3 葱头、胡萝卜、芹菜、香菜梗切碎，加入大蒜汁粉碎成蓉泥。

4 猪肋排捞起挤压沥干水分，放入装蔬菜蓉泥的容器，再加入玫瑰露酒、胡椒粉、香叶，搅拌均匀，放入冰箱中冷却腌渍处理1小时。

5 大蒜碎放入烧至五六成热150℃花生油中炸至金黄芳香，迅速滤去油脂，在吸油纸上摊开降温。

6 将冷却的猪肋排取出，抹去表面的蔬菜末，加入食盐调理咸味，放入玉米淀粉上浆处理，下入炸锅中炸至八九成熟定型捞出，待锅中油温升至七八成热，再次将肋排下锅复炸至色呈金红，捞出沥油装盘。

7 猪肋排上面撒上蒜碎。

京酱炒肉丝

菜品类型：	主 菜
烹调方法：	滑 炒
准备时间：	约20分钟
烹调时间：	约5分钟
原料品种：	猪通脊肉
菜式风格：	京 式
主要厨具：	炒锅、手勺、漏勺、砧板、保鲜膜

成品特点 此菜式盘饰创意精巧简约而富有时代气息，整体形态丰满突出，口味咸甜，香味醇厚，肉丝细嫩软滑，酱汁黏稠明亮，色泽红润，酱汁主料结合紧密。餐盘整洁，没有多余酱汁油水，古色古香，京味京韵。

制作步骤

1 通脊肉去除板筋与碎肉，清除整理干净。切成长约8厘米的块，掌下出片和直刀切成长约7厘米、粗细约0.2厘米的细长丝，并放在容器中用冰水浸泡漂洗，使肉丝洁白。

2 蛋清、黄酒加淀粉混合成蛋清粉浆，肉丝挤干水分放入蛋清浆，加入适量食盐、胡椒粉、葱姜汁等调料腌渍搅拌均匀，在冷却环境中放置10分钟，使肉丝持水性增强。

3 甜面酱用姜汁、黄酒溶解稀释成稀糊状，加入食盐、胡椒粉、香油一起混合均匀调制成咸甜清香的复合酱汁，用保鲜膜封好蒸制成熟。

4 炒锅中的油烧至三四成热度，将上好浆的肉丝分散下入锅中迅速滑散、滑熟后倒入漏勺中沥油。

5 炒锅烧热，放入适量底油将酱汁煸炒透出香气和气泡，呈黏稠状，放入滑好的肉丝迅速将酱汁炒制包裹住肉丝即可。

6 将肉丝堆积成丰满突起的"山峰"，放上细葱丝和香菜做必要的点缀装饰。

原 料

主 料	通脊肉200g
配 料	大葱50g 香菜30g
调 料	甜面酱50g 玉米淀粉20g 黄酒5g 香油5g 姜汁50g 胡椒粉10g 花生油500g 蛋清50g 食盐5g
装饰料	面饰30g 细香葱10g

相关知识

滑炒秘诀

1.选用质地新鲜细嫩的原料。

2.加工成细小形状或采用花刀加工处理。

3.主料需要经过腌渍上浆滑油热处理。

4.滑油后要控净油脂。

5.自然收黏酱汁不勾芡。

6.一气呵成不停顿。

7.选用光滑炒锅。

三鲜狮子头

菜品类型：	主　菜
烹调方法：	蒸　炖
准备时间：	约30分钟
烹调时间：	约50分钟
原料品种：	猪　肉
菜式风格：	苏　式
主要厨具：	蒸锅、炖锅、手勺、切刀、砧板、漏勺、粉碎机、过滤纱布

成品特点 此菜肉质圆润光滑，外形饱满，汤汁颜色清澈明亮，肉质口味咸鲜，清香醇厚，汤汁口感鲜美、醇厚、自然，肉质香气浓郁芬芳，口感柔软、细嫩、爽滑，肥而不腻。

🧺 原 料

主 料	猪肋条肉600g
配 料	荸荠50g　虾肉100g　小菜心100g
	干贝50g　虾子10g　蟹黄50g　红腰豆50g　枸杞10g
调 料	黄酒100g　蛋清50g　淀粉50g　白胡椒粒5g
	肉清汤3 000g　食盐10g　胡椒粉5g　姜汁10g

相关知识

威武之尊狮子头

　　江南地方民间新春佳节期间有扎彩球、耍狮子，庆祝五谷丰登的民俗。狮子是象征威武尊严不可侵犯的神兽。

　　狮子头是江苏地方一道传统菜。传说狮子头菜式做法始于隋朝，是隋炀帝游幸时，以扬州万松山、金钱墩、象牙林、葵花岗四大名景为主题做成了松鼠鳜鱼、金钱虾饼、象牙鸡条和葵花斩肉四道菜。到了唐代，葵花斩肉被改名为狮子头。

　　传统狮子头肥瘦之比是六肥四瘦，加上葱、姜、鸡蛋等配料细切成肉粒，做成拳头大小的肉丸，可清蒸可红烧，肥而不腻。但现代比例一般会用较多瘦肉。

　　狮子头并不是简单的光圆饱满，而是像满头蓬松鬃毛的雄狮，寓意吉祥如意、鸿运当头。

制作步骤

1 　荸荠洗净去皮，拍碎成粒，虾子清水洗净，蒸涨至透，菜心修整后洗净焯水，干贝泡软洗净蒸20分钟后撕碎。

2 　猪肋条肉刮洗干净，控净水分，与虾肉一起粉碎搅拌成肉泥。

3 　肉泥放在容器中，加入胡椒粉、姜汁、黄酒、蛋清、虾肉，充分搅拌摔打、吸水上劲，加入食盐增味和生劲，封闭之后在冷却的环境中放量10分钟，增强嫩化程度，加强凝结力，混合荸荠碎粒。

4 　在炖锅中放入足量清汤烧开，撇净浮沫，改成小火力加热汤汁，放入黄酒、白胡椒粒和食盐进行调理口味。

5 　双手蘸着水淀粉液体，将混合好的肉料团包裹红腰豆制成直径为5～6厘米大小相同圆球形肉丸，再在肉球上镶嵌上干贝丝、蟹黄，然后依次轻轻放入烧开的清汤中，再次烧开后撇净浮沫，加盖后改成小火加热20～30分钟至成熟。

6 　肉球取出盛入盛器，放入菜心、枸杞点缀装饰，汤汁调理好口味经过澄清过滤，盛入容器，加盖封闭蒸10分钟即可。

京酱蒸排骨

菜品类型：	主 菜
烹调方法：	蒸 制
准备时间：	约20分钟
烹调时间：	约20分钟
原料品种：	猪肋排
菜式风格：	京 式
主要厨具：	蒸锅、手勺、漏勺、砧板、保鲜膜、笼屉、荷叶、洁布

成品特点 此菜式设计保持了传统酱香风味，咸鲜厚重，回味香甜，口味格调优雅简约，口感柔软，嫩滑多汁，风格自然、现代、简约。

制作步骤

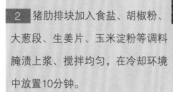

1 将猪肋排剁切成单个小块，清洗干净焯水煮透，然后洗掉浮沫，控净水分。

2 猪肋排块加入食盐、胡椒粉、大葱段、生姜片、玉米淀粉等调料腌渍上浆、搅拌均匀，在冷却环境中放置10分钟。

3 甜面酱用黄酒溶解稀释成稀糊状，加入食盐、胡椒粉、香油一起混合均匀，调制成咸甜清香的复合酱汁，用保鲜膜封10分钟，透出香气，清除酸味。

4 猪肋排块用甜面酱搅拌均匀，用蒸好的荷叶逐个包裹住，蒸制20分钟。

5 将猪肋排堆积成丰满突起的山峰形，酱汁回锅炒黏增稠后浇淋在排骨上，点缀上细香葱和香菜即可。

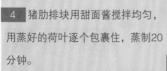

原 料

主 料 猪肋排500g

调 料 大葱段50g 生姜片30g 黄酒50g
玉米淀粉30g 胡椒粉10g 甜面酱20g 香油20g
食盐5g

装饰料 鲜荷叶200g 细香葱30g 香菜20g

相关知识

蒸制类型

"蒸"是中式烹饪最常用的方法，传统讲究三蒸九扣，将燃烧的热情，蒸腾的温暖，蒸汽的纯洁，融为一炉，菜式真实自然、朴实无华。

蒸制主要是以高温受热水蒸气进行烹调加热，形成原汁、原味、原色、原形、原质的自然之法，根据原料构成分为清蒸、粉蒸等；根据温度和气体数量有缓蒸、急蒸；根据水分的多少，有干蒸、隔水炖。蒸制方法主要是选用新鲜、纯净的肉类、蔬菜、食用菌、薯类、瓜类等原料。蒸制方法是在相对封闭环境中进行的，选用封闭的容器，或选用膜纸、荷叶、竹叶、芭蕉叶等包裹之后蒸制加热至熟。

龙眼甜烧白

| 菜品类型：主 菜 |
| 烹调方法：蒸 制 |
| 准备时间：约60分钟 |
| 烹调时间：约40分钟 |
| 原料品种：带皮去骨猪五花硬肋肉 |
| 菜式风格：川 式 |
| 主要厨具：蒸锅、炒锅、保鲜膜、手勺、漏勺、切刀、砧板、定型碗、喷枪、刮刀 |

成品特点 菜式造型美观，颜色呈枣红色，色泽沉稳。成品丰腴大方、油润光亮，味道甜香，肉卷柔韧甜香酥软，肥而不腻，糯米滋润柔软、甜香适口。甜烧白是甜美生活的象征，象征团团圆圆，是欢庆节日的美食。

原 料

主 料	五花肉380g
配 料	油菜心300g 莲子50g 糯米饭200g
调 料	黄酒500g 姜汁10g 食盐10g
	白砂糖80g 酱油40g 桂花酱20g 玉米淀粉40g

制作步骤

1 用喷枪将带皮整块五花肉的皮表面烧燎焦煳，水浸冷却回软后刮净表皮，慢煮20分钟，捞出切成大肉方，涂抹酱油晾干水分。

2 莲子浸泡回软后用牙签捅出莲心，菜心修整、清洗后冷却备用。

3 肉方经过急速冷却后，切成0.2～0.3厘米厚的长方片。

4 用肉片将莲子和拌桂花酱的糯米饭卷裹住，皮向下紧密码放在碗中定型，加入黄酒、姜汁、酱油、白砂糖，用蒸熟的糯米饭将碗底铺平，封上保鲜膜蒸制30分钟。

5 肉卷蒸制酥软，轻轻地取出将碗扣在餐盘里。

6 肉卷稳稳扣在餐盘中央，炒锅内加入白砂糖、食盐、清水调制成勾芡成水晶（玻璃芡）芡汁，浇淋在肉卷上面，围上油菜心即可。

相关知识

四川民间田席

田席又称三蒸九扣席、九斗碗，因常设在田间院坝，故称田席。最初是秋后农民为庆贺丰收宴请相邻亲朋好友而举办的，以后发展为婚宴、寿宴、迎春及办丧事时的筵席。

三蒸是指锅蒸、笼蒸、碗蒸，也有说法称是粉蒸、清蒸、旱蒸。用黑色砂质陶碗盛放，蒸熟后反扣于另一碗内，待食用时揭碗。

筵席一般为三段式格局，即冷菜与酒水；热菜与小吃、点心；饭菜与水果。田席的档次规格不受限制，品种也不尽相同，以蒸菜、烧菜、烩菜为主，很多菜式成为大众菜，如清蒸杂烩、攒丝杂烩、扣肉、扣鸡、甜烧白、咸烧白、粉蒸肉、红烧肉、夹沙肉、酥肉、清蒸肘子等。

田席内容随时间、地区和原料的不同而有所不同，一般头菜为烧白，肘子压轴。

咸肉乳蛋饼

菜品类型：	头 盘
烹调方法：	烤 制
准备时间：	约30分钟
烹调时间：	约20分钟
原料品种：	咸 肉
菜式风格：	法 式
主要厨具：	烤箱、炒锅、保鲜膜、手勺、切刀、砧板、模具

成品特点 此菜式造型呈圆饼状，颜色金黄，味道松酥柔软、咸鲜可口，咸肉奶酪风味独特，奶油乳香气息浑厚朴实。

制作步骤

1 面皮用面粉、黄油、鸡蛋、食盐调和成油酥面团，封闭醒放20分钟。

2 咸肉切成小片，葱头切丁一同煸炒至香，奶酪切丝，牛奶、淡奶油与鸡蛋混合均匀，加入白胡椒粉和食盐，调成淡奶油鸡蛋浆。

3 油酥面团擀开压成0.5厘米的厚片，铺在模子上，按压定型，放上炒香的咸肉片与葱头丁，浇淋上淡奶油鸡蛋浆，撒上奶酪碎。

4 放入180℃温度的烤箱里，烤制20～30分钟。冷却到常温时，从模具中轻轻取出切块食用。

原 料

主 料	咸肉200g
皮 料	面粉500g　黄油200g　鸡蛋50g
馅 料	白胡椒粉5g　食盐10g　淡奶油100g

奶酪100g　鸡蛋50g　牛奶50g　葱头50g

法式咸肉塔

相关知识

咸塔一般是头盘，甜塔一般是做饭后甜点。餐前小食、鸡尾小食、郊外野餐、咖啡伴侣都会有塔影。洛林咸蛋塔是法国最常见的咸点心，也是洛林地区最著名的传统美食。它发源于法国东北部和德国交界的阿尔萨斯——洛林地区，塔也融入法兰西和日耳曼两大文化派系，洛林塔也成为争议食品。相传洛林咸塔在9世纪于法国东部出现，但一直到16世纪才开始出现杰出风味的做法，也有说咸塔源自于德国，是日耳曼点心，后来传到法国后发扬光大，第二次世界大战后，则开始在英国与美国盛行。

糖醋里脊条

| 菜品类型：主　菜 |
| 烹调方法：炸　熘 |
| 准备时间：约20分钟 |
| 烹调时间：约20分钟 |
| 原料品种：猪里脊肉 |
| 菜式风格：京　式 |
| 主要厨具：炒锅、炸锅、手勺、切刀、砧板、漏勺、过滤网、洁布 |

成品特点 此菜式里脊肉条圆润饱满、膨胀美观，酱汁颜色金黄、明亮，口味甜酸、咸香、柔和，外焦里嫩，是京式风味菜品的看家菜。

原 料

主 料 猪里脊肉300g

调料 米醋30g　白砂糖30g　胡椒粉10g

姜汁20g　黄酒50g　辣椒油40g　玉米淀粉50g

鸡蛋50g　葱姜丝30g　面粉20g　土豆淀粉20g

花生油1 000g　食盐10g

制作步骤

1 猪里脊肉清洗干净，切成长度5厘米、粗细0.6厘米的筷子条。

2 将胡椒粉、姜汁、黄酒、辣酱油和肉条一起搅拌均匀，封闭放入冷却环境存放10分钟。

3 鸡蛋、湿玉米淀粉、面粉、姜汁、黄酒一起轻轻搅拌成黄色全蛋糊。

4 用洁布擦干里脊条表面水分，逐个均匀粘挂干玉米淀粉后，再挂上全蛋糊。

5 放入炸锅五六成热度的油中，炸至糊层焦脆肉质成熟，及时倒入漏勺中沥净油脂。

6 炒锅内用油煸炒葱姜丝，加入米醋、白砂糖、食盐和适量的水等，烧开后确定糖醋汁的颜色、口味、数量，加入适量的土豆水淀粉勾芡增稠，放入炸好的肉条，迅速颠翻包裹酱汁。

7 装盘，进行必要的点缀。

京味糖醋汁的调制　　相关知识

京味糖醋汁以其美丽自然、晶莹剔透的琥珀色泽、焦糖浓烈的芳香、米醋的酸香，组合成酸甜浓香复合味型、细腻黏滑的质感，成为北京菜式的灵魂。

炒锅放油炒制绵白糖成焦糖色，散发出浓烈的香气，加入开水、食盐调制成焦糖水，放入白砂糖、米醋烧开，调制成甜酸香咸、口味柔和的汁液，色泽明亮清澈呈玫瑰红色。

清酱蒸五花肉

菜品类型：主 菜
烹调方法：蒸 卤
准备时间：约20分钟
烹调时间：约60分钟
原料品种：猪五花肉
菜式风格：韩 式
主要厨具：蒸锅、煮锅、刮刀、手勺、漏勺、切刀、砧板、肉叉

成品特点 菜品组合层次分明，颜色自然，口味咸鲜浓香，肉质柔软，配合黄豆酱、大蒜、泡菜，用生菜包裹食用，味道融合，口味丰满，有着浓郁的传统生活气息。

制作步骤

1 五花肉方经过烧燎皮毛后，浸泡回软、刮洗干净、经20分钟焯水，控净血水，清洗干净。

2 将五花肉方放水锅里，加入肉果、小茴香、花椒、大料、葱段、姜片、酱油、黄酒，烧开后小火焖煮50分钟，卤制浸泡入味。

3 胡萝卜切成5厘米长的筷子条，生菜加工成圆形叶片。

4 方肉冷却后带皮切成厚度为0.5厘米、长宽4～5厘米的厚片。

5 食用前将肉片整齐摆放在笼屉中，蒸制10分钟。

6 用生菜或紫苏叶将肉片、胡萝卜、辣泡菜、大蒜片、黄豆酱包裹后食用。

原料

主料	五花肉800g
配料	胡萝卜40g 辣泡菜40g 生菜40g或紫苏叶30g
调料	黄酒30g 酱油10g 食盐10g 黄豆酱80g

大蒜片20g 葱段10g 姜片20g 肉果20g

小茴香10g 花椒10g 大料10g

五花肉

相关知识

五花肉又称三层肉，位于猪的肋腹部位，肌肉脂肪组织层次分明，肥瘦间隔，脂肪与瘦肉交织，五花肉中的瘦肉细嫩多汁，滋味芳香，色泽红白相间，十分完美。肋部的五花肉叫硬五花，瘦肉居多；腹部的五花肉叫软五花，肥肉居多。极品五花肉厚度为4厘米左右，红白有10层。

五花肉连皮而烹，肉皮能让汤汁变浓稠，让肉光亮，生发不同风味。五花肉一直是一些代表性中式菜肴的最佳原料。

五彩炒肉丝

| 菜品类型：主　菜 |
| 烹调方法：滑　炒 |
| 准备时间：约20分钟 |
| 烹调时间：约10分钟 |
| 原料品种：猪通脊肉 |
| 菜式风格：京　式 |
| 主要厨具：炒锅、炸锅、手勺、切刀、砧板、漏勺 |

成品特点 此菜式设计简约、层次分明，口味咸鲜清香，口感柔韧滑嫩爽脆，蔬菜和肉丝的味道融合为一体。

原 料

主料	通脊肉300g
配料	红椒50g　绿椒50g　豆芽50g　土豆200g
调料	胡椒粉10g　黄酒50g　绿豆淀粉30g

葱姜丝40g　生抽20g　鸡蛋清30g　花生油1 000g

米醋10g　食盐10g　香油5g

淀粉糊化

相关知识

淀粉与足量的水混合，一起加热到60～80℃时，胶束溶解脱落，淀粉颗粒急速吸水，发生水解，体积膨胀50～100倍，形成糊化。形成稳定、可溶、透明、黏性、可塑、明亮、晶莹的糊状糊精物质，部分糊精进一步水解可以生成麦芽糖和葡萄糖，可使甜味增强。

制作步骤

1 通脊肉先用平刀法片成大张薄片，再用直刀法切成长约7厘米、粗细约0.3厘米的长丝形状。

2 红绿椒切成长约5厘米、粗细约0.2厘米的丝，豆芽掐头去尾成掐菜，土豆切细长丝油炸至上色酥脆。

3 蛋清、湿绿豆淀粉、胡椒粉、姜汁、黄酒一起搅拌均匀调制成蛋清粉浆。

4 肉丝放入蛋清粉浆中轻轻拌均匀，加入少量油封闭肉丝水分，使之润滑分离，放入冷却环境中强化肉保水和吸水性能，达到嫩化程度。

5 黄酒、姜汁、胡椒粉、生抽、食盐、淀粉等调料混合过滤之后制成芡汁。

6 三四成热度时将肉丝滑油滑散成熟，待色泽洁白成熟凝固之后，迅速出锅入漏勺中沥净油脂。

7 用花生油将葱姜丝、红绿椒丝、豆芽低温煸炒透出香气，放肉丝颠翻数下，加入调制好的芡汁，烹入米醋淋上香油迅速翻炒包裹均匀。

8 肉丝盛放在餐盘中央堆积成山形，放上土豆丝即可。

香糯珍珠丸子

菜品类型：	主 菜
烹调方法：	蒸 制
准备时间：	约20分钟
烹调时间：	约20分钟
原料品种：	猪夹心肉
菜式风格：	京 式
主要厨具：	蒸锅、手勺、切刀、砧板、漏勺、粉碎机、保鲜膜

成品特点 用面饰巩固立体空间，用绿色山葵酱汁平面点缀设计，在狭小的餐盘平面中营造宇宙乾坤。将香米的柔糯芳香与肉质的软嫩鲜美相结合，从而回归原汁、原味、原色、原形、原质的原生态。

制作步骤

1 猪夹心肉清洗干净，加入姜汁、黄酒，用粉碎机搅成蓉泥，放入白胡椒粉、鸡蛋清、玉米淀粉搅拌上劲后冷却10分钟备用。香米浸泡10分钟，荸荠去皮清洗干净拍碎。

2 肉蓉泥加入食盐搅拌上劲，混合荸荠碎，均匀团成直径3厘米的圆球形。

3 团圆的肉球均匀滚粘上香米层，用手团揉，使香米镶嵌在肉蓉泥上。

4 用保鲜膜封闭后，蒸制20分钟，轻轻取出，摆放在餐盘中，盘中浇淋上绿色山葵酱汁，放上烤制面饰装点。

原料

主料	猪夹心肉300g
配料	香米100g　荸荠50g
调料	山葵酱30g　黄酒50g　白胡椒粉20g
	姜汁20g　鸡蛋清30g　玉米淀粉30g　食盐10g

相关知识

烤制面饰制作

　　烤制面饰以其制作简单、经济、美观、多变、可食用的特性，成为餐盘上的主要装饰。将鸡蛋、面粉、小苏打和水调制成细致无颗粒的浆糊状，用挤瓶或注射器，在平整光滑的煎锅上将浆糊挤成不同的形状，加热后，两面煎烤定型。

红焖牛脸颊肉

菜品类型：	主 菜
烹调方法：	焖 烧
准备时间：	约20分钟
烹调时间：	约60分钟
原料品种：	牛 肉
菜式风格：	京 式
主要厨具：	焖锅、煎锅、手勺、漏勺、切刀、砧板、煎铲、拍刀、滤筛

成品特点 此菜式选用牛脸颊肉既瘦又嫩，鲜嫩柔韧中带有几分筋道的口感，配有深沉、凝重、浓郁的酱红色汁。肉中带着酒的浓香，让人有一种强烈的品尝欲望。

 原 料

主 料	牛脸颊肉680g
配 料	土豆泥150g 黑菌片60g 胡萝卜150g
调 料	红酒300g 姜汁30g 食盐20g

白砂糖20g 酱油40g 葱头碎40g 黑胡椒20g

花生油50g 香叶30g

制作步骤

1 将牛脸颊肉加工成1厘米厚的圆片，用拍刀拍松。用红酒、黑胡椒、姜汁、葱头碎腌渍。胡萝卜、黑菌片焯水后备用。

2 黑胡椒、葱头碎和牛肉一起用花生油煎至两面上色、成熟，外部金黄、芳香，烹入腌肉的红酒淹没牛肉，加入白砂糖、食盐、香叶、酱油。加盖小火焖烧60分钟。

3 取出焖烧好的牛肉切割成三角块，交叉摆放在餐盘里。

4 酱汁过滤后，烧至黏稠，调好色彩味道，浇淋在肉上面，围上土豆泥，插上黑菌片，摆上胡萝卜片，点缀上香菜即可。

相关知识

牛脸颊肉

　　牛脸颊肉是牛脸部用来咀嚼食物的两块肌肉组织，平均1块有500克的分量。其肉质嫩滑，肉筋比较多，胶原蛋白丰富，筋道有嚼劲，营养和其他部位的牛肉没有多大差异。

蒸木樨肉

菜品类型：主　菜
烹调方法：蒸　制
准备时间：约20分钟
烹调时间：约15分钟
原料品种：猪　肉
菜式风格：京　式
主要厨具：蒸锅、手勺、切刀、砧板、漏勺、竹卷帘

成品特点 菜式造型和谐突出，色彩斑斓，口味咸鲜清淡，口感软嫩细滑，由传统菜式"炒木樨肉"演变而来。

制作步骤

1　猪通脊肉整理后清洗干净，控净水分，顺着肌肉纤维纹路切割成长约7厘米、粗约0.2厘米的细肉丝。

2　肉丝用黄酒、胡椒粉、酱油、姜汁、玉米淀粉浆、香油等调料腌渍搅拌均匀，在冷却环境中放置10分钟。然后焯水加热成熟。

3　鸡蛋加入胡椒粉、玉米淀粉、黄酒和食盐打散搅拌均匀，木耳泡发后切成同肉丝大小相同的丝，清洗干净，胡萝卜切丝，菠菜清洗后焯水加热处理，控净水分。黄花泡发后清洗干净。

4　鸡蛋摊成蛋皮，铺在竹帘上，将肉丝、胡萝卜丝、菠菜卷成圆筒状，用保鲜膜包裹，蒸制10分钟，切成块状即可。

原　料

主料	通脊肉100g

配料　鸡蛋100g　木耳20g　胡萝卜50g
菠菜50g　黄花20g

调料　黄酒50g　玉米淀粉20g　食盐5g　姜汁10g
胡椒粉10g　花生油10g　酱油20g　香油5g

相关知识

木樨肉

　　木樨是桂花的别名，为我国的特产。在中国，桂花树为神圣之树，古代神话传说中月宫就有一棵桂花树。而"木樨肉"却不是用桂花做原料，而是因这道菜黄绿相间，气味清香浓烈，色香赛如桂花而名，菜中的"木樨"乃鸡蛋也。历史上北京人口语中忌讳说"蛋"字，所以把鸡蛋叫鸡子儿，皮蛋叫松花，鸡蛋糕叫槽子糕，摊鸡蛋叫摊黄菜，鸡蛋汤叫木樨汤，肉炒鸡蛋叫木樨肉。炒木樨肉本为三晋名菜，其色绿、黄、红、白、黑五色相间，其质软嫩滑爽，其味香气浓郁、咸鲜可口，多为大众菜肴，常做酒饭菜。

红烧牛尾

菜品类型：主 菜
烹调方法：红 烧
准备时间：约10分钟
烹调时间：约60分钟
原料品种：牛 肉
菜式风格：清 真
主要厨具：焖烧锅、炸锅、手勺、漏勺、剁刀、砧板、刮刀

成品特点 此菜式是北京清真菜的经典名作，以牛尾为制作主料，以红烧为烹调方法，形态完整一致，口味咸鲜、浓香、厚道，甜咸分明，红润光亮的酱红色深沉而富有亲切感，骨肉分离，柔韧软滑带有咬劲。

 原料

主料	牛尾1 000g
配料	绿芦笋200g
调料	酱油50g 肉果30g 姜片50g 白砂糖40g

食盐10g 葱段50g 胡椒粉20g 蛋白酶嫩肉粉5g

牛清汤1 000g 花生油50g

制作步骤

1 绿芦笋切成7厘米的段状，刮去硬皮，修整美观，焯水冷却后备用。

2 将整根去皮的牛尾刮净，带骨分割剁成3厘米长的尾节。

3 牛尾节放入冷水锅，烧开焯水后，冲洗干净，沥尽水分。

4 在牛尾节中放入酱油、葱段、姜片浸腌10分钟。

5 将腌过的牛尾节过油炸至金黄，控净油汁。

6 葱段、姜片煸炒爆香，加牛清汤，放入牛尾节，大火烧开去掉浮沫，改用小火保持微沸状态，加入肉果、蛋白酶嫩肉粉、食盐、胡椒粉、白砂糖加盖封闭烧焖40～60分钟。肉质离骨柔软，形态完整无破损。

7 将牛尾块取出，放在餐盘中，酱汁过滤沉淀澄清，加水淀粉勾芡增稠至黏，浇淋在牛尾上，配上绿芦笋装饰。

相关知识

中国清真饮食

中国清真饮食是指中国穆斯林食用的、符合伊斯兰教教义的食物。"清真"是中国回族穆斯林对伊斯兰教的专用名称，一般多用于一些固定的称谓，如"清真寺""清真饭店"等。

"清真"一词古已有之，宋代陆游《园中赏梅》中说："阅尽千葩百卉春，此花风味独清真。"这里的"清真"指高洁幽雅之意。宋元时期，伊斯兰教在中国尚无固定的译名。后来穆斯林学者根据伊斯兰教信仰真主、崇尚清洁的教义，多选用"清真""清净"一类词译称伊斯兰教或礼拜寺。

黑胡椒牛脊排

菜品类型：	主 菜
烹调方法：	煎 烤
准备时间：	约10分钟
烹调时间：	约10分钟
原料品种：	牛 肉
菜式风格：	法 式
主要厨具：	煎锅或铁板、煎铲、切刀、砧板、漏勺、煮锅

成品特点 此菜式整体配菜简洁、酱汁颜色为棕红色，口味香浓刺激，咸鲜醇厚，肉排成熟度恰到好处，口感软嫩多汁，将牛里脊肉的优点发挥到了极致。

制作步骤

1 牛里脊肉顶刀切成2厘米厚度的圆片，撒上食盐、黑胡椒碎腌渍10分钟。

2 土豆、胡萝卜削成橄榄形煮透做配菜。

3 炒锅放入黄油烧至熔化，先将小葱头煎至芳香上色，取出做配菜。再放入黑胡椒碎煸炒爆香，烹入红葡萄酒，加入基础牛清汤、食盐、淡奶油，烧至部分水分蒸发，脂肪乳化，酱汁黏稠，成为黑胡椒酱汁。

4 腌渍好的牛里脊肉放入煎锅或铁板上，分两面加热定型成熟，在280℃的锅或铁板上分别两面煎制3~5分钟，形成褐色斑纹，封锁住肉中的水分。

5 在盘中放上配菜，将煎好的牛肉摆放在上面，配上酱汁，点缀即可。

原料

主 料 牛里脊肉200g

配 料 土豆100g 绿芦笋20g 胡萝卜20g

调 料 红葡萄酒30g 黄油30g 小葱头50g

淡奶油30g 食盐25g 黑胡椒碎20g

基础牛清汤150g

牛排成熟度   相关知识

牛排的成熟度一般分四个阶段：

带血牛肉(Bleu)，表面稍有一点焦黄色泽，中心完全是鲜红的生肉状态。

三成熟(Rare)，外表为褐色，内部生鲜带血，柔软多汁，渗出的汁液呈红色，能够真正体现出原汁原味。

五成熟(Medium)，中心为粉红色，表面褐红色。

七成熟(Medium-well)，中心已成白色，牛肉的肌红蛋白血红蛋白失去红色。加工的时间越长，肉汁渐渐蒸发，肉质也变得坚韧，口感粗糙，鲜美感消失。

金菇牛柳卷

| 菜品类型：主 菜 |
| 烹调方法：煎 熘 |
| 准备时间：约30分钟 |
| 烹调时间：约10分钟 |
| 原料品种：牛外脊肉 |
| 菜式风格：京 式 |
| 主要厨具：煎锅、拍刀、手铲、漏勺、切刀、刷子、砧板 |

成品特点 牛肉卷形态整齐，口味香辣、咸鲜、浓香。牛肉的柔软、金针菇的爽脆口感，以及凝重的酱汁，塑造了菜肴内在的品质。

原料

主料	牛外脊肉200g
配料	金针菇40g 腌雪里蕻40g
调料	黄酒30g 深色酱油10g 鸡蛋清20g

玉米淀粉30g 食盐10g 姜汁10g 黑胡椒粉20g

李派林汁10g 蛋白酶嫩肉粉5g 花生油30g

嫩肉腌渍法

相关知识

嫩肉粉能够固化组织中水分，增强肉组织持水保水性能和弹性，适用于肉质纤维粗老、韧性较强的牛肉、火鸡肉、猪肚等。嫩肉粉的种类及使用方法如下：

1. 苏打（碳酸钠）使用数量5~8g/kg，性质属于碱性，慎用。

2. 小苏打（碳酸氢钠）使用数量5~10g/kg，性质属于碱性，慎用。

3. 草木灰水主要成分为碳酸钾，使用数量为10~20g/kg，5~10℃的环境中密封静置腌渍时间为10分钟，在正式烹调或上浆挂糊着衣处理之前，最好采用焯水方法将原料中浓重的苦涩味除掉。

4. 木瓜蛋白酶嫩肉粉使用数量为5~8g/kg，姜汁具有嫩化肉质的作用，蛋白酶强化肉质细嫩程度，避免与苏打、小苏打同用。

5. 聚磷酸盐具有稳定化学性质。

制作步骤

1 牛外脊肉逆着肌肉纤维的纹理，切成厚度为0.3厘米、直径为4~5厘米的圆片金钱形，用拍刀轻轻拍松。

2 金针菇剪去老根，腌雪里蕻选细茎，清洗干净备用。

3 肉片刷上姜汁、黑胡椒粉、深色酱油、鸡蛋清、蛋白酶嫩肉粉混合均匀调制成的红色蛋清粉浆，用肉片将金针菇卷成1厘米粗的细卷，密封之后冷却10分钟。

4 煎锅烧热，放入花生油，将肉卷摆放煎制成熟。

5 胡椒碎煸炒爆香，烹入黄酒，加入食盐、李派林汁混合制成颜色棕红、口味咸鲜浓香的复合味型黑椒酱汁，淀粉勾芡增稠放入煎熟的肉卷，轻轻翻拌均匀即可。

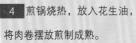

黑椒酱炒牛柳

菜品类型：	主 菜
烹调方法：	滑 炒
准备时间：	约10分钟
烹调时间：	约10分钟
原料品种：	牛外脊肉
菜式风格：	京 式
主要厨具：	炒锅、手勺、漏勺、切刀、砧板、漏勺

成品特点 此菜式整体配菜简捷、分明、清晰，酱汁颜色为棕红色，口味香浓刺激、咸鲜醇厚，肉排成熟度恰到好处，口感软嫩多汁，将牛外脊肉的优点发挥到极致。

制作步骤

1 牛外脊肉顶刀切成1.5厘米厚的片，拍后切成条，用黄酒、酱油、玉米淀粉、鸡蛋清上浆。

2 酸黄瓜切成块，绿菜花修整后焯水煮透做配菜，葱头切成碎末。

3 炒锅放油烧热，将牛肉条滑熟。

4 炒锅放油煸炒面粉至酥香，加入葱头碎、黑胡椒碎煸炒爆香，烹入黄酒，加入牛清汤、食盐，烧至酱汁黏稠，成为黑胡椒酱汁。

5 将牛肉条放入锅内酱汁中搅拌均匀，盛入餐盘，放上配菜点缀即可。

原 料

主 料	牛外脊肉200g
配 料	酸黄瓜50g 绿菜花50g
调 料	黄酒30g 酱油30g 葱头30g 食盐5g

黑胡椒碎30g 面粉20g 玉米淀粉20g 鸡蛋清10g

花生油500g 牛清汤50g

相关知识

排酸牛肉的三高三低

　　排酸牛肉具有"三高"：高蛋白、高能量、高营养，同时还有"三低"：低糖、低胆固醇、低脂肪。牛肉经排酸处理后不但肉纤维结构发生变化，容易咀嚼和消化，而且肉中所含维生素B12、矿物质等营养物质更有利于人体吸收，口感也更好。

　　排酸牛肉都是极度育肥的优质肉牛。营养价值比普通牛肉高，且柔软多汁，滋味鲜美，颜色柔和，肥而不腻，瘦而不柴，容易咀嚼，便于消化，人体吸收利用率也很高。

杏鲍菇炮牛肉

| 菜品类型：主 菜 |
| 烹调方法：煎 烹 |
| 准备时间：约20分钟 |
| 烹调时间：约10分钟 |
| 原料品种：牛米龙肉 |
| 菜式风格：京 式 |
| 主要厨具：煎锅、手铲、切刀、砧板 |

成品特点 此菜延续了传统炮肉的技艺，具有烧烤味道，原料组合自然天成，烹调方法简约，外观形状方正，见棱见角，预示堂堂正正。外观颜色金黄褐色深沉凝重。原料水分蒸发，干燥清爽，没有多余的汤汁。口感柔韧中带着脆嫩，口味清香咸鲜纯正。

  原 料

主 料	牛米龙肉300g
配 料	杏鲍菇200g
调 料	黄酒30g 蛋清10g 酱油30g

玉米淀粉10g 食盐5g 姜汁10g 大葱20g

花生油50g 姜20g 香油5g 黑胡椒粉10g

制作步骤

1 杏鲍菇洗净切成1.2厘米的正方丁，大葱切成葱花，姜切成方片。

2 牛米龙肉洗净切成1.2厘米的正方丁，用食盐、黑胡椒粉、黄酒、酱油、姜汁、蛋清、玉米淀粉调拌均匀腌渍上浆5分钟。

3 不粘锅烧热放少量油，将杏鲍菇轻轻煎至金黄色取出。再用油将牛肉丁放入煎制，下入姜片、葱花和杏鲍菇一同爆香后淋上香油，堆积盛放。

相关知识

炮法

北京特有的烹调方法，有炮胡、炮羊肉、炮肉等经典菜式，然而今天被极度边缘化了。炮法指在旺火上急炒，如炮羊肉。关于炮法的词语举例如下：

炮龙烹凤：形容豪奢珍奇的肴馔。

炮豚：烤猪，古代八种珍食之一。

炮宰：古代职掌庖厨的人。

炮羊：烤羊，古代八种珍食之一。

炮食：烧烤食物。

炮炙：烘烤，烧烤。

炮人：厨师，炮通"庖"。

黑蒜烧牛筋

菜品类型：主 菜
烹调方法：烧 制
准备时间：约80分钟
烹调时间：约50分钟
原料品种：牛蹄筋
菜式风格：京 式
主要厨具：压力锅、炒锅、手勺、切刀、砧板、漏勺

成品特点 菜品形体完整统一，刀口整齐均匀，颜色金黄光亮，口味蒜香浓郁，咸鲜醇厚，口感柔韧爽滑，配料巧妙。

制作步骤

1 新鲜牛蹄筋洗净，放入清水漂去腥味，整根放入压力锅中加入清水、黄酒、葱段、姜片，上汽后改成小火加减压阀焖烧8分钟。

2 取出柔软的牛蹄筋用凉水清洗干净，切成5厘米长的段。

3 将黑色独头蒜用少量花生油轻轻地炸至散发出香气。

4 炒锅中放入蒜油，烹入黄酒，加入焦糖色、胡椒粉、食盐、牛清汤、牛蹄筋段与黑色独头蒜，小火烧制10分钟，用土豆淀粉勾芡增稠，芡汁紧密包裹牛蹄筋，淋入蒜油。

5 把牛蹄筋段放在勺形盛器中，点缀上薄荷叶、黑蒜即可。

原料

主料	鲜牛蹄筋600g
配料	黑独头蒜100g
调料	姜片20g 黄酒10g 焦糖色5g 食盐20g

胡椒粉5g 土豆淀粉50g 牛清汤300g

花生油100g

相关知识

黑蒜

黑蒜又名黑大蒜、发酵黑蒜、黑蒜头，是用新鲜的生蒜带皮放在高温高湿的发酵箱里发酵60～90天，让其自然发酵制成的食品。

黑蒜保留了生大蒜原有的成分、功能，使生蒜抗氧化、抗酸化功效提高了数十倍。黑蒜又把生大蒜本身的蛋白质大量转化成为人体每天所必需的18种氨基酸，进而被人体迅速吸收，对增强人体免疫力、保持人体健康起到巨大的积极作用，而且味道酸甜，食后无蒜味，不上火，是速效的保健食品。

沙茶牛柳串

菜品类型：	主 菜
烹调方法：	煎 烹
准备时间：	约20分钟
烹调时间：	约5分钟
原料品种：	牛外脊肉
菜式风格：	京 式
主要厨具：	煎锅、手铲、切刀、砧板、漏勺、小竹签

成品特点 肉串酱汁色泽红润光亮，口味咸鲜、浓香、微辣、回甜，肉质口感细嫩、香滑多汁。此菜做法简约，口味时尚。

原 料

主料	牛外脊肉300g
配料	葱头30g 鲜香菇30g 青椒30g
调料	黄酒30g 花生油50g 玉米淀粉20g

蛋清30g 白糖10g 葱姜汁10g 白胡椒粉10g

沙茶酱5g 蛋白酶嫩肉粉10g 深色酱油10g

相关知识

牛肉排酸的方法

　　牛在屠宰以后，体细胞失去了血液对其的氧气供应，进行无氧呼吸，从而产生一种对人体有害的物质——乳酸。

　　排酸即根据牛胴体进入排酸库的时间，在一定的温度（24小时内降到0～4℃）、湿度和风速下，将乳酸分解成二氧化碳、水和酒精后挥发掉。同时牛肉细胞内的三磷酸腺苷在酶的作用下分解为新鲜的物质——基苷，肉的酸碱度被改变，新陈代谢产物被最大限度地分解和排出。

制作步骤

1 牛外脊肉去除碎肉、剔除筋膜、选割整理，控净血水，顶刀切成长4厘米、宽2厘米的片。

2 葱头、香菇、青椒清洗干净、控净水分，整理加工之后，切割成1厘米见方的丁备用。

3 鸡蛋清、玉米淀粉、食盐、黄酒、葱姜汁、深色酱油、白胡椒粉、蛋白酶嫩肉粉混合均匀调制成红色的蛋清粉浆，放入牛肉，轻轻地搅拌摔打，腌渍入味，让牛肉充分吸收水分，拌入少量植物油，密封之后冷却静置10分钟，使肉质充分稳定结合粉浆。

4 用竹签将牛肉片、葱头、香菇、青椒紧密均匀地穿制成肉串。

5 少量葱头碎与沙茶酱使用植物油煸炒爆香，烹入黄酒，加入食盐、葱姜汁、白糖等调料混合制成颜色棕红的复合味型酱汁，水淀粉勾芡将汤汁增稠。

6 煎锅中放入适量的花生油，烧热后把浆好浆的牛肉串下入锅中摆放整齐，轻轻翻动煎熟，之后沥去多余的油脂。

7 肉串中烹入酱汁，铲子翻炒使酱汁均匀地包裹住原料，淋入少量的香油，及时离火出锅即可。

桂花蜜汁羊肉条

菜品类型：	主 菜
烹调方法：	熘 制
准备时间：	约20分钟
烹调时间：	约20分钟
原料品种：	羊里脊肉
菜式风格：	京 式
主要厨具：	炒锅、炸锅、手勺、漏勺、切刀、砧板

成品特点 羊肉条形态蓬松饱满，色泽红润、光洁明亮，外酥脆里鲜嫩，味道香甜咸鲜、清香适口。此菜是焦熘、糖熘方法的应用。

制作步骤

1 羊里脊肉顶刀切成长约6厘米的筷子条，使用姜汁、葱、白胡椒粉、香叶腌渍增味，冷却存放20分钟。

2 鲜百合清洗之后，掰开分成花瓣状。

3 冰糖溶化，加入糖桂花、食盐、绿豆淀粉、花生油调制成芡汁。

4 鸡蛋液与绿豆淀粉、花生油调合成黏稠的全蛋糊，将羊里脊肉条表面水分沾干，逐个挂粘蛋糊层，迅速放入150℃油温的炸锅中炸制定型成熟上色。

5 炒锅放入芡汁迅速炒至黏滑融合、芳香起泡，放入百合、肉条，颠翻均匀，芡汁包裹肉条。

6 在餐盘的中心堆积成山形。

原 料

主 料 羊里脊肉600g

配 料 鲜百合50g

调 料 姜汁10g 冰糖30g 食盐5g 葱段20g

姜片50g 绿豆淀粉10g 香叶10g 白胡椒粉10g

糖桂花10g 鸡蛋50g 花生油100g

相关知识

熘制方法

1.根据前期预热处理方法，熘制为分焦熘、滑熘、软熘。

2.根据调味酱汁的性质类别和味型，熘制分为糟熘、醋熘、糖醋熘、糖熘。

3.菜肴中的芡汁明亮光洁，数量较多，黏稠度较大，芡汁的数量能够均匀包裹住原料，盛装时要注意形体美观。芡汁主要是流芡和糊芡形式。

锅烧香酥羊肉

菜品类型：主　菜

烹调方法：锅　烧

准备时间：约10分钟

烹调时间：约40分钟

原料品种：羊腿肉

菜式风格：京　式

主要厨具：蒸锅、炸锅、手勺、切刀、砧板、漏勺

成品特点 此菜品是典型的功夫菜，形体蓬松，刀口整齐均匀，颜色金黄，口味香浓、咸鲜醇厚，口感酥脆柔韧。此菜是北京传统饮食的代表，通过糊层将松散原料形状完整统一，形成一个整体。

原料

主料 去骨羊腿肉800g

调料 生姜40g　五香粉20g　黄酒50g

食盐20g　玉米淀粉200g　面粉100g　大葱50g

泡达粉15g　鸡蛋50g　啤酒50g　花生油1 000g

相关知识

锅烧

锅烧是北方习惯使用的传统烹调方法，也称酥炸，是一种给原料"镶上金边"的回锅式烹调方法。锅烧的方法是将经过蒸制、煮制、烤制、煎制等热处理，已经达到成熟、半熟、酥烂、软嫩等要求的半成品的大块主料，再次挂上用面粉、淀粉和鸡蛋调制成的糊层炸制定型、上色、酥脆、膨胀、芳香。然后再改刀剁制成块状。代表菜有：锅烧香酥鸡、锅烧肘子、锅烧大肠、锅烧鸡翅。

制作步骤

1 去骨羊腿肉整理后清洗干净，切割成2厘米厚度的大片状。

2 在肉中加入黄酒、五香粉和食盐、大葱段、生姜片，搓揉均匀，冷却静置腌渍处理20分钟。

3 将大葱段、生姜片放在盘底，羊肉放在上面，封上保鲜膜，蒸制加热30分钟，至肉质成熟柔软后取出。

4 蒸熟后的羊腿肉控净、擦干表皮水分，粘上面粉。将鸡蛋、面粉、淀粉、泡达粉、啤酒调制成酥炸糊。

5 油烧至八九成热的温度，将羊腿肉挂粘酥炸糊，炸至表面呈金黄色，蓬松酥脆，捞出沥净油脂。

6 将炸好的羊肉切成条状，配合椒盐、葱、酱等食用。

烤酸菜白肉

菜品类型：副　菜
烹调方法：炒烤组合
准备时间：约10分钟
烹调时间：约20分钟
原料品种：酸白菜、白肉
菜式风格：京　式
主要厨具：烤箱、炒锅、手铲、切刀、砧板、漏勺、锡纸

成品特点 本菜中，炽热的高温和充裕的时间将酸白菜的潜力发挥到最大限度，将酸菜中乳酸的自然清香味道蒸腾散发，与油脂醇厚浓香结合，化解了油腻之感，形成黏滑、绵软、脆嫩兼有的口感，与深沉而庄重的酱红色共鸣。

制作步骤

1 酸白菜切成细丝，用清水轻轻漂洗，之后挤压控净水分备用。煮熟的白肉带皮切成大薄片。

2 花生油煸炒干辣椒成煳辣子，放入胡椒粉、姜片、蒜片、白肉炒香，再放入酸白菜丝一同翻炒，烹入黄酒，加入酱油和白糖，调和均匀，趁热盛入锡纸中，将锡纸边缘包裹严实，避免漏气。

3 放入150℃烤箱里烤20分钟，气体膨胀，锡纸包鼓胀隆起，轻轻打开，撒上绿葱花点缀装饰调味。

原料

主料	酸白菜500g
配料	白肉100g

调料 黄酒20g 酱油50g 干辣椒20g 白糖10g 蒜片20g 葱花20g 姜片20g 花生油100g 胡椒粉5g

锡纸包烤 相关知识

锡纸包烤是用锡纸包裹住调味后鲜嫩无骨的细小原料或调味成熟的原料，放在烤箱里或烤板上、热盐里烤制成熟。锡纸包遇热后膨胀鼓起，包得要严实、不漏气。成熟后的纸包菜，用剪刀剪成十字开口打开纸包，给人一种赏心悦目的感觉。菜品原汁原味，鲜咸清爽，热气沸腾。

锡纸包烤可以使原料处于150～300℃的温度中，有利于分子化合物及风味物质的形成。

【禽类】

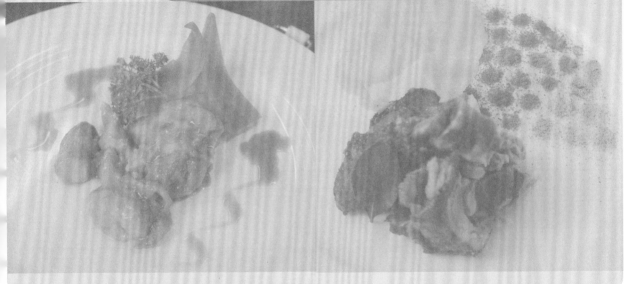

叉烧酱烤鸡翅

菜品类型：	头　盘
烹调方法：	烤　制
准备时间：	约20分钟
烹调时间：	约20分钟
原料品种：	鸡中翅
菜式风格：	京　式
主要厨具：	烤箱、炒锅、手勺、漏勺、切刀、砧板、洁布、刷子、烤肉签子

成品特点　此菜式体态丰满，颜色光洁红润，口感嫩滑细致，口味香甜、咸鲜、醇厚，芳香浓郁，朴实无华。

 原料

| 主料 | 鸡中翅300g |

| 调料 | 黄酒30g　叉烧酱60g　玉桂粉10g |

葱段20g　姜片20g　食盐5g　花生油20g

制作步骤

1 将鸡中翅使用80℃热水焯水处理加工清洗干净，用洁布擦净水分。

2 先用黄酒、葱段、姜片、玉桂粉、食盐混合成腌渍酱料。

3 用酱料腌制鸡翅10分钟，用洁布沾干鸡翅中表面水分，用竹签串好鸡翅，刷上鲜红色叉烧酱。

4 将鸡翅平放在烤架上，刷油后放入180℃烤箱中烤制8~10分钟，翻转表面再烤8~10分钟。

相关知识

美拉德反应对食品颜色和香气的影响

　　美拉德反应是一种普遍非酶褐变现象，是羰基化合物（还原糖类）和氨基化合物（氨基酸和蛋白质）间的反应，经过复杂的历程最终生成棕色甚至是黑色的大分子物质类黑精或称拟黑素的红亮色泽，又称羰氨反应。美拉德反应能产生香气，例如亮氨酸与葡萄糖在高温下反应，能够产生令人愉悦的面包香、烤肉香、烤鸭香。而在板栗、鱿鱼等食品烹调加工储藏过程中，就需要抑制美拉德反应以减少褐变的发生。

脆皮香酥鸡腿

菜品类型：	主 菜
烹调方法：	炸 制
准备时间：	约40分钟
烹调时间：	约10分钟
原料品种：	鸡腿肉
菜式风格：	京 式
主要厨具：	炸锅、蒸锅、手勺、切刀、砧板、保鲜膜

成品特点 此菜式颜色金黄，口感酥脆，口味咸鲜、浓香、醇厚，是一道典型的具有传统味道的菜肴。

制作步骤

1 大鸡腿经过整理清洗干净，沿鸡腿内侧剖口，剔除筋骨。

2 用五香粉、黄酒、葱姜、酱油同鸡腿肉搓擦揉匀，腌渍20分钟。

3 腌渍好的鸡腿肉加入食盐调和均匀，用保鲜膜封闭好蒸制30分钟，至肉质软烂成熟后取出。

4 炸油加热至八九成热度，将鸡腿肉平稳地下入油中，待鸡肉体表面呈金黄色、肉质成熟、外部酥脆时捞出，沥净油脂。

5 将炸好的鸡腿肉剁成长度为4厘米、宽度为1.7厘米的条状，摆放整齐，配上花椒盐。

原料

主料 大鸡腿300g

配料 黄酒30g 酱油20g 食盐5g 五香粉10g 花椒盐5g 葱段10g 姜块10g 花生油1 000g

相关知识

五香粉

五香粉是将超过5种的香料如花椒、肉桂、八角、丁香、小茴香籽研磨成粉状混合而成。五香粉是中国特有的调料，具有融合之味，和谐之妙。常使用在煎、炸前涂抹在肉类、鸡鸭等血腥臊臭气息浓重的原料，也可与细盐混合做蘸料用。适合用于烘烤、煎炸、焖煨方法。植物香料的种子气味芳香、浓重、浑厚，能够有效地抑制

腥味、臊味、膻味、臭味、异味，回避血腥，进而使菜品清香扑鼻，刺激人们的嗅觉，增强食欲，振奋精神。

出水芙蓉清汤

菜品类型：	热头盘
烹调方法：	蒸　制
准备时间：	约30分钟
烹调时间：	约10分钟
原料品种：	鸡胸肉
菜式风格：	京　式
主要厨具：	蒸锅、煮锅、切刀、砧板、粉碎机、过滤网、保鲜膜、手勺、手铲、纱布

成品特点 造型宛如出水芙蓉，富有诗情画意，天然艳丽，优雅洁净。色泽清澈的汤汁，清淡雅致的口味，给人以清新怡人的感觉，化平淡为神奇，清水出芙蓉，天然去雕饰。

 原　料

主 料 鸡胸肉800g

配 料 百合100g　绿豌豆30g

调 料 黄酒100g　食盐10g　鸡清汤1 000g
白胡椒粉20g　蛋清20g　玉米淀粉20g　生姜汁10g

制作步骤

1 鸡胸肉浸泡清洗干净，去掉筋膜，加入生姜汁、黄酒，一同粉碎，加入蛋清、玉米淀粉和食盐，加工成细腻光滑的蓉泥。百合修整成花瓣状，绿豌豆清洗干净焯水备用。

2 将鸡肉蓉泥团成圆球点缀上绿豌豆，做成莲蓬形，插上百合做成荷花状，用保鲜膜封好蒸制10分钟。

3 鸡清汤烧开，迅速撇掉浮沫，加入黄酒、白胡椒粉、食盐调理好口味，加盖改成小火加热。

4 用铲子将荷花莲蓬轻轻托起，放到预热的汤盘中。

5 轻轻地将汤汁用过滤网、纱布过滤，在汤盘中注入清汤。

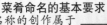 **菜肴命名的基本要求**　**相关知识**

　　菜肴名称的创作属于菜肴整体创意设计中一个组成部分，与文学创作有着紧密的关系，典雅优美的菜肴名称具有很强的文学艺术感染力。名称要言简意赅、名副其实、雅致得体，反对滥用错别字、自造字和混杂使用不同语言文字符号，提倡语言文化纯洁，避免千篇一律、雷同俗套程式化，巧妙利用天时地利以及个性因素，不牵强附会滥用辞藻，回避低俗、血腥、肮脏、邪意，禁止庸俗下流侮辱伤害他人。

　　"猪"字有肮脏之意，菜名中尽力回避，一般使用"大肉"，不刻意明确标示的菜名，譬如"鱼香肉丝""酱爆肉丁""红烧肉"，这里的肉特指猪肉，这也是餐桌上的文明。

宫保鸡丁

菜品类型:	主　菜
烹调方法:	煸　炒
准备时间:	约20分钟
烹调时间:	约5分钟
原料品种:	鸡腿肉
菜式风格:	川　式
主要厨具:	炒锅、炸锅、手勺、漏勺、切刀、砧板、洁布、吸油纸

成品特点　此菜式香气浓郁，颜色红润，具有咸鲜香辣、回味酸甜的和谐口味，肉质软嫩，花生口感酥脆。

制作步骤

1　将鸡腿肉经过基础加工整理清洗干净，去掉筋膜油脂，切成边长为1.2厘米见方的丁。

2　将去皮花生米放入温油中炸至酥脆，呈金黄色，之后滤去油脂、摊用，用吸油纸吸取油脂。

3　鸡肉丁中加入酱油、黄酒、食盐、湿淀粉、胡椒粉等调料腌渍搅拌均匀，在冷却的环境中静置待用。

4　容器中放入酱油、花生酱、黄酒、米醋、食盐、鸡清汤、白糖、湿淀粉等充分混合，调制成咸鲜、甜微酸、清香、颜色呈褐红色的复合味型粉质芡汁。

5　在炒锅中将花生油烧至三成热，放入花椒炸制出香味，及时捞出，放入干辣椒煸炒成金黄酥脆透出煳辣香味，再放入鸡肉，下入葱花、辣椒粉一同煸炒至香，烹入调制好的复合芡汁，迅速颠翻炒制滋味融合，及时离火出锅。

6　鸡肉堆积盛入盘中，撒上酥脆的花生米，进行必要的点缀装饰。

原料

主　料	鸡腿肉300g
配　料	去皮花生米30g
调　料	干辣椒10g　酱油10g　姜汁10g　花椒12g

细辣椒粉10g　花生酱10g　白糖20g　米醋20g　黄酒20g

绿豆淀粉30g　食盐5g　香葱20g　花生油50g　胡椒粉5g

相关知识

川菜的基本味型

川菜的味型在咸、甜、麻、辣、酸、鲜、香七种基础味型上，衍生出多种复合味型，通过主次、浓淡、多寡的调和变化，形成多种复合味型，包括：咸鲜味、家常味、麻辣味、煳辣味、鱼香味、姜汁味、怪味、椒麻味、酸辣味、红油味、蒜泥味、麻酱味、酱香味、烟香味、荔枝型、五香味、香糟味、糖醋味、甜香味、陈皮味、芥末味、咸甜味、椒盐味、煳辣荔枝味、茄汁味等。宫保鸡丁属于煳辣荔枝味。

椰奶咖喱鸡

菜品类型：主　菜	
烹调方法：焖　制	
准备时间：约20分钟	
烹调时间：约30分钟	
原料品种：鸡腿肉	
菜式风格：京　式	
主要厨具：焖烧锅、炸锅、手勺、切刀、砧板、木铲	

成品特点 整体色泽明黄鲜艳，视觉冲击力较强，口感黏滑、细腻、柔软，口味咸鲜、芳香浓厚、微辣，以海南的椰浆来减轻咖喱粉浓重的苦味，使其温和，用牛奶调和出鲜艳的黄色。

 原　料

主料	鸡腿肉500g
配料	土豆100g　胡萝卜100g
调料	黄咖喱粉30g　椰浆100g　食盐20g

黄酒50g　花生油1 000g　面粉100g　牛奶100g

大葱20g　生姜10g

相关知识

咖喱

　　咖喱是由丁香、小茴香子、胡荽子、芥末子、黄姜粉和辣椒等多种香料调配而成的，味型上分为重辣、轻辣、不辣，形状有粉状、油状、膏状、酱料状之分，颜色有红、绿、黄、白之别。

　　咖喱菜式是亚太地区主流，常见于印度、泰国、马来西亚和日本的菜式中。南亚咖喱向来以香辣浓重为特色，东亚的咖喱颜色淡黄、香辣温和。

　　咖喱源于印度，最初用来采集自然之气以调整人体正气，遏制肉类食物腥、膻、臊、臭气味。

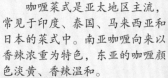

制作步骤

1 鸡腿肉切成核桃大小的块控净水分，用大葱、生姜、黄酒腌渍，将土豆、胡萝卜切成滚刀块，擦干表面水分。

2 鸡腿肉拍上干面粉，炸至成熟定型，土豆、胡萝卜炸定型。

3 选用不粘炒锅，用50克油将50克面粉和咖喱粉轻轻炒至金黄酥香沙化时，边炒边顺时针方向搅拌，逐渐加入烧开的椰浆和牛奶，迅速将面粉和牛奶椰浆炒制搅拌融合，加入食盐、黄酒调制成细腻、明黄色、口味咸香浓厚的咖喱酱汁。

4 将鸡肉、胡萝卜、土豆放入到椰奶咖喱酱汁中，焖烧15分钟。

5 将土豆胡萝卜先盛在餐盘中，上面盖上鸡块，浇上酱汁，进行必要的点缀装饰。

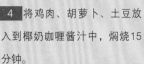

黄酒草菇蒸滑鸡

菜品类型：	主 菜
烹调方法：	蒸 制
准备时间：	约10分钟
烹调时间：	约15分钟
原料品种：	鸡腿肉
菜式风格：	京 式
主要厨具：	蒸锅、铲子、切刀、砧板、保鲜膜

成品特点 鸡肉丰满圆润，颜色光洁明亮，口味醇香浓厚自然、咸鲜清香朴实，口感柔软多汁细腻。蒸制方法很好地保持了原料的原汁、原味、原色，自然天成，是一种无油烟低碳环保绿色低温健康的烹调方法。

制作步骤

1 顺鲜草菇纵向切开，清洗干净，控净水分。鸡腿肉加工整理清洗干净，剔除筋骨，切成核桃块状。

2 使用花椒粒、食盐、葱姜汁、鸡蛋清、生抽、黄酒、白胡椒粉、玉米淀粉将鸡腿肉搓擦揉匀，浆制处理，放在冷却的环境中腌渍10分钟。

3 腌渍上浆的鸡肉块封上一层花生油与草菇平摊在盛器中，加封保鲜膜封闭后，蒸制加热15分钟。淀粉糊化很好地阻滞鸡肉内部水分的流失。

4 将鸡肉块和草菇取出，码放在餐盘中央，将蒸制过程渗出的汁液澄清之后浇淋在上面。

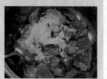

原料

主 料	鸡腿肉180g
配 料	鲜草菇50g
调 料	黄酒20g 食盐5g 玉米淀粉10g

白胡椒粉5g 生抽10g 花椒粒10g 花生油10g

葱姜汁10g 鸡蛋清20g

相关知识

烹调中的高渗透压

1.烹调中热处理很容易引起蛋白质发生变性，导致其保水能力下降，引起水分流失。其主要原因就是烹调中的高渗透压。

2.原料在烹制时要添加某些调料，这些调味料或溶解在汤汁里，或渗透到原料内。譬如，烹调过程中加入食盐、糖，以及味精、酱油、黄酒等，这样在原料或其细胞周围就存在着一个由调味料形成的高渗透压溶液，原料组织里的水分就会加速向外部溶液渗透，导致原料水分流失。

3.这种水分是有味道和营养价值的精华汁液，作为调味汁被利用，与原料融合为一体，不能随意丢弃和浪费。

油皮鸡翅包

菜品类型：	头 盘
烹调方法：	炸 制
准备时间：	约20分钟
烹调时间：	约10分钟
原料品种：	鸡中翅
菜式风格：	京 式
主要厨具：	炸锅、蒸锅、漏勺、手勺、切刀、砧板、吸油纸

成品特点 菜式整体造型充满神秘、朦胧、诱惑，外部油皮炸后膨胀酥脆呈白色，鸡翅内部咸鲜醇厚，玫瑰豆腐酱汁滋味浓香，鸡翅肉质口感柔软细嫩。

原 料

主料	鸡中翅400g
配料	油皮80g
调料	酱豆腐汁50g 大葱段20g 姜片20g

黄酒30g 胡椒粉10g 花生油1 000g 食盐10g

相关知识

高温油脂出现的现象

1.在250～300℃之间，纯净油脂称为闪点。开始连续出现火苗燃烧。

2.油脂在空气中加热发生连续燃烧的开始温度称为燃点。油脂加热到190～210℃表面明显冒出青烟时的温度称为发烟点。

3.开始着火时的温度称为着火点，一般食用油的着火点在400℃左右，因而，油脂不可加热至温度太高，否则会起火。

4.烹调过程原料投入油中后，会出现着火现象，是因为原料所含水分及表面所带水分经高温油作用迅速汽化，变成蒸汽，油也随蒸汽以极小油滴的形式从油中逸出，由于油滴表面积大大增加，使其燃点迅速降低，出现燃烧现象。

制作步骤

1 将鸡中翅清洗干净，控净水分。

2 使用黄酒、食盐、胡椒粉、酱豆腐汁等将鸡翅腌渍调理10分钟。

3 将鸡中翅平放在烤盘中，放入180℃的烤箱中烤制20分钟，待表面干燥脱水后再刷上酱汁继续烤制15分钟。

4 油皮平铺摊开，将烤制干燥成熟的鸡翅摆放整齐包裹在里面，压住封口，放入五六成热的油中迅速炸至酥脆蓬松，用吸油纸吸去多余的油脂。

5 将朦胧白色的鸡翅包一起放在盘子里。

京酱烤鸡翅

| 菜品类型：头 盘 |
| 烹调方法：烤 制 |
| 准备时间：约20分钟 |
| 烹调时间：约20分钟 |
| 原料品种：鸡中翅 |
| 菜式风格：京 式 |
| 主要厨具：烤箱、炒锅、手勺、漏勺、切刀、砧板、洁布、刷子 |

成品特点 此菜式鸡翅皮肉完整饱满，颜色光洁红润，口感细致嫩滑，口味咸鲜、香甜醇厚，芳香浓郁，朴实简约。

制作步骤

1 将鸡中翅用80℃冒小气泡的热水热处理加工清洗干净，用洁布擦净水分。

2 甜面酱炒制增香，与花椒、黄酒、葱段、姜片混合成腌渍酱料。

3 用酱料腌渍鸡翅10分钟，调理均匀，使鸡翅呈淡酱红色。

4 鸡翅平放在烤架上，刷油后放入180℃烤箱中烤制8～10分钟。翻转鸡翅表面再烤8～10分钟。

原料

主料 鸡中翅300g

调料 黄酒30g 甜面酱60g 花椒20g 香油10g 葱段20g 姜片20g 花生油20g

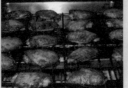

相关知识

肉类香味的前体物质

风味前体物质，是食物原料中具有的挥发性风味化合物，是香味产生的重要途径，主要是以醛、醇、酮、酸、酯类化合物，适度的加热过程使潜在的香味散发出来。

肉类中的脂肪，葱姜蒜中的酚类物质，本来没有味道，在加热中形成香气，都是风味前体物质。

香味是通过味觉和嗅觉共同形成的感知觉。高温才会使前体物质释放出来成为香味。

生肉是没有香味的，只有在煎炒蒸炸煎烤时的高温中才会散发出来香味。

在加热过程中，肉内各种组织成分间发生一系列复杂变化，产生了挥发性香味物质，目前有1000多种肉类挥发性成分被鉴定出来，瘦肉在加热过程中形成的香味是一致的，没有差别，而肥肉中的脂肪组织能赋予肉制菜品特有的风味。

烤鸭

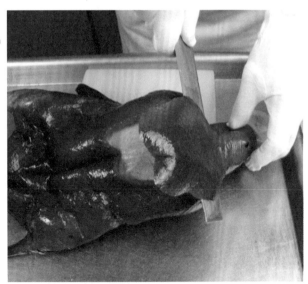

| 菜品类型：主 菜 |
| 烹调方法：烤 制 |
| 准备时间：约24小时 |
| 烹调时间：约50分钟 |
| 原料品种：填 鸭 |
| 菜式风格：京 式 |
| 主要厨具：烤箱、煮锅、手勺、切刀、砧板、挂钩、刷子、电风扇、打气筒 |

成品特点 形体完整，全而无缺，外皮浓香酥脆，色泽红艳，肉质细嫩，味道醇厚，肥而不腻。

  原 料

主料	净堂填鸭3 000g
配料	鸭饼100g
调料	六必居甜面酱50g 白糖50g 大葱50g
麦芽糖50g 香油8g 白砂糖20g

相关知识

烤鸭的伴侣

1.甜面酱具有色正、味浓、稀稠适度、清香可口的特点。加工甜面酱，按每500克甜面酱加入125克白糖和25克香油的比例兑好，搅拌均匀。上屉蒸25分钟左右，取出晾凉即可。

2.大葱白选用山东章丘出产的高白大葱为佳，鲜嫩、甜脆和宜于生食。先将其剥洗干净，切去青绿的部分，再切成6厘米长的段，把中间破开即可。

3.面食一般选用荷叶饼、空心烧饼。

除以上配料外，吃烤鸭时的辅料还包括白砂糖，一般用做酥脆鸭皮的蘸料；除甜面酱、葱条外，还可配黄瓜条、萝卜条和蒜泥等。

制作步骤

1 净堂。将鸭腹腔内残留的内脏摘除外清洗加工干净。

2 充气。用打气筒的气嘴插入鸭颈的皮下，将气充入皮里肉外的脂肪层，按摩揉压使气体充遍鸭全身皮下。

3 挂钩。在鸭颈下半部，倾斜穿透皮层。

4 烫皮。用开水冲烫鸭皮。

5 挂色。兑糖水枣红色比例一般为1：5～6，金黄色比例一般为1：6～7。饴糖和清水搅匀，烧至滚开。

6 冻坯。冻结促使皮下水分形成冰晶便于加热蒸发。

7 晾坯。鸭坯挂置于阴凉、通风的地方，使用风扇吹干鸭皮表层水分。

8 烤制。将鸭子胸腹向上放在烤架上，使用180～240℃烤制50～60分钟即可全熟、上色。烤好出炉后，用刷子将外表刷亮。

9 切割。既可片切成皮肉相连的杏片，也可切成皮肉分离或皮肉相连的条状。

柠檬汁煎软鸡

食物类型：	主 菜
烹调方法：	煎 制
加工时间：	约10分钟
烹调时间：	约15分钟
原料品种：	鸡 肉
菜式风格：	粤 式
主要厨具：	煎锅、手铲、切刀、砧板、漏勺、吸油纸

成品特点 鸡胸肉形体如橄榄，刀口整齐均匀无破损，柠檬酱汁颜色淡黄，晶莹明亮诱人，酸甜咸鲜清香浓厚的口味沁人心脾，柠檬赋予菜品天然的气息和美丽的色彩。

制作步骤

1 整鸡胸加工清洗整理干净，修理平整后，平刀法分割成6～8毫米厚度的大个橄榄形片状，用食盐、黄酒、白胡椒粉等调料腌制调味。

2 用花生油煸炒葱姜丝加热产生香味，烹入黄酒，放入清水、白糖、白醋、食盐、柠檬汁等调料，小火煮制5～10分钟，过滤澄清后用吉士粉勾芡增稠调制成颜色淡黄、口味浓香酸甜咸鲜。使用淀粉增稠处理成黏度细腻光滑的酱汁。

3 鸡蛋液、食盐混合调制均匀。

4 煎锅放入烹调油，将腌渍调理之后的鸡胸肉均匀粘挂一层面粉后再均匀挂上蛋液，及时托入锅中轻轻翻转，用小火两面煎至肉质成熟、定型、呈金黄色，放入漏勺中沥去油脂，吸油纸吸取多余油脂。

5 酱汁铺在洁净的餐盘上，鸡块取出放在砧板上用斜刀法将鸡块切成大小一致薄厚均匀的长条形，迅速盛放在酱汁上，部分酱汁再浇淋鸡肉之上，装饰点缀柠檬片、红椒圈、苏子叶。

原料

主料	鸡胸肉180g
配料	苏子叶10 柠檬片20g 红椒圈20g
调料	胡椒粉5g 白糖20g 黄酒10g 食盐5g

淀粉10g 柠檬汁20g 吉士粉2g 面粉20g

葱姜丝20g 鸡蛋40g 花生油40g

相关知识

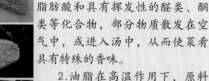

油脂芬芳

1.油脂在加热后会产生游离的脂肪酸和具有挥发性的醛类、酮类等化合物，部分物质散发在空气中，或进入汤中，从而使菜肴具有特殊的香味。

2.油脂在高温作用下，原料中的碳水化合物会产生各种香气物质。单纯使用油脂作为传热媒介，原料不但反应速度快，而且反应的深刻程度比在水中更加明显，生成的芳香气味更为突出。

铁板烤鸭胸

菜品类型：	主 菜
烹调方法：	扒 制
加工时间：	约20分钟
烹调时间：	约20分钟
原料品种：	鸭 肉
菜式风格：	日 式
主要厨具：	烤板、煎锅、手勺、切刀、砧板、手铲

成品特点 鸭片肉形完整，色泽金黄光亮，肉质软嫩多汁，鲜美芳香，烧烤味型在口中萦绕，回味甘甜悠长。

 原料

主料 大鸭胸肉700g

调料 冰花梅酱30g 五香粉50g 花生油50g

小葱头50g 姜汁30g 玫瑰露酒20g 食盐10g

制作步骤

1 选用大鸭胸肉清理干净，带皮修整。

2 腌渍用玫瑰露酒、五香粉、小葱头、食盐、姜汁增香去腥。

3 将鸭皮一面上剞上十字花刀纹，在烤板上煎制上色定型，再从鸭皮下刀将鸭胸肉一端相连切成蝴蝶片（夹刀片）。

4 在烤板上用花生油煎制将鸭肉片至香气四溢、成熟、上色、定型，配合冰花梅酱辅助调料食用。

铁板烧

相关知识

铁板烧是一种客前简约快速烹调方法，也是一种时尚的方便吃法。在炽热的重金属铁板上，烤制鲜肉和蔬菜，有的需要用盖加热增温。

铁板烧是在15~16世纪时西班牙所发明，传到美洲大陆的墨西哥及美国加州等地，20世纪初由日裔美国人将这种铁板烧熟食物的烹调技术引进日本加以改良成为今日日式铁板烧。

油爆鸡胗花

菜品类型：主　菜
烹调方法：爆　制
加工时间：约20分钟
烹调时间：约5分钟
原料品种：鸡　杂
菜式风格：京　式
主要厨具：炒锅、手勺、漏勺、切刀、砧板、洁布

成品特点　此菜式形如菊花盛开，脆嫩爽滑的口感类型，咸鲜清香回味酸香的口味层次，汁浓芡亮融为一体，在出锅后短时间内能够保持独特的香气。

制作步骤

1 摘鸡胗子表面脂皮油脂筋膜，使用食盐和白醋反复搓擦揉洗，去除黏液及腥臭异味，擦干水分。

2 片除鸡胗内壁坚硬的皮膜，切成菊花形状，使用清水浸泡漂洗清除腥味，控净水分。

3 黄酒、食盐、香油、米醋、白胡椒粉、湿淀粉等调制成咸鲜味型的复合调味粉汁。汤汁勾芡增稠。

4 沾干胗花表面水分的放入到五六成热油中，迅速分散断生至熟，花纹绽放，及时滤去油汁。

5 炒锅将葱花、姜米迅速用花生油炒香，放入鸡胗花。烹入兑制的粉汁，迅速翻拌融合，汁液包裹住原料即可。

6 鸡胗整齐地堆放在餐盘中间即可。

🧺 原 料

主料 鲜鸡胗200g

调料 黄酒30g　玉米20g　淀粉20g　食盐10g

香油10g　米醋20g　葱花20g　白胡椒粉10g

姜米20g　花生油800g

相关知识

爆制

旺火速成的典范，快速烹饪的极品。选用脆性动物原材料主要是肚尖、鸡胗、鸭胗、墨鱼、鱿鱼、海螺肉、猪腰等。

以油为主要导热媒介，在大火上，爆时油温很高，通常在八成左右。极短的时间内灼烫而成熟，锁住水分，保持质感。成品口感脆嫩爽口，是爆菜的最大特点。爆制菜颜色纯净不加深色酱油、色素。采用兑汁烹芡调味，咸口一般比较轻，以咸鲜为主。

爆与滑炒很相似，都是大火速成，区别是爆在加热时油温更高，有些爆菜在油爆前原料还放入沸水中汆烫一下，让剞的花纹绽开，马上入油锅。

五香酥鸭

| 菜品类型：主　菜 |
| 烹调方法：炸　制 |
| 准备时间：约60分钟 |
| 烹调时间：约10分钟 |
| 原料品种：鸭　肉 |
| 菜式风格：晋　式 |
| 主要厨具：炸锅、蒸锅、漏勺、手勺、切刀、砧板、保鲜膜、电风扇、吸油纸 |

成品特点 鸭肉形态整齐，色泽红润光亮,皮肉口感松酥软嫩，口味咸鲜浓香，尤其是配上椒盐或者甜面酱、空心烧饼一起食用，别有一番风味，是京派的传统经典之作，也是北京味道代表。

原　料

主料 整只填鸭2 000g

调料 椒盐10g　食盐10g　甜面酱30g　酱油30g

花椒10g　丁香5g　小茴香20g　姜片30g　黄酒50g

八角茴香5g　大葱段30g　花生油1 000g　胡椒粒10g

黄酒50g　玉桂20g　豆蔻20g　生姜片30g

相关知识

冷低烹调油温的经验鉴别

　　食用油的沸点一般都在200℃以上。当油温超过250℃时，会产生有害物质，严重危害人体健康。油温变化幅度较大，特别是在旺火热锅内变化极快，即使有经验，也难以把握。

　　冷油温：120℃以下，一两成热，锅中油面平静。适用油酥花生、油酥腰果等菜肴的烹制，原料下锅时无反应。

　　低油温：120～160℃，三四成热，油面平静，面上有少许泡沫，略有响声，无青烟。适用于滑肉处理，也适用于干料涨发，有保鲜嫩、除水分的作用。

制作步骤

1　整只填鸭整理清洗干净。控净水分，放入盛器中。

2　将胡椒粒、花椒粒、豆蔻、丁香、小茴香、八角茴香、玉桂、大葱段、生姜片、食盐、酱油放入鸭子腹腔和外皮搓揉，腌渍20分钟。

3　将腌渍好的鸭子放入蒸盆内，腹部向上封上保鲜膜，蒸制加热30分钟至肉质成熟柔软后取出。

4　蒸熟的鸭子控净水分和油脂，表皮上均匀涂抹酱油，电风扇吹干表皮。

5　炸油热至七八成温度，再将整只鸭子放入油中，待鸭体表面呈金黄色，肉、外部酥脆之时捞出沥净油脂，用吸油纸吸取多余的油脂。

6　脊背剖开，去掉大骨骼，剁成大小一致的长方条，可以配合椒盐、甜面酱、大葱段等食用。

炸吉利翅根球

菜品类型：	主　菜
烹调方法：	炸　制
准备时间：	约20分钟
烹调时间：	约5分钟
原料品种：	鸡　肉
菜式风格：	京　式
主要厨具：	炸锅、砧板、漏勺、切刀、吸油纸、锡纸

成品特点　菜品形如荔枝，圆润饱满，色泽金红，口感酥脆，口味鲜咸芳香。

制作步骤

1　新鲜咸面包，片去硬皮切成0.4厘米见方的小方粒。

2　鸡翅根剔除筋膜，露出骨骼，刮净，将肉翻成球形，加入黄酒、姜汁、白胡椒粉、食盐进行腌渍。

3　鸡翅根滚粘面粉，粘鸡蛋清，之后挂粘面包粒，按压成圆球形。

4　鸡球轻轻放入到五六成热度的油温之中炸制定型，待肉质成熟、散发香气、面包色泽金黄、口感发脆，取出控净油脂，用吸油纸吸取多余的油脂。

5　配上柠檬酱汁（浓缩柠檬汁与白糖调制而成），摆上鸡翅球，盘边点缀装饰即可。

原料

主料　鸡翅根280g

配料　咸面包40g

调料　黄酒30g　姜汁10g　鸡蛋清30g　柠檬汁20g
面粉20g　白胡椒粉5g　食盐5g　白糖30g　花生油500g

味觉相消现象　相关知识

　　味觉相消现象又叫消杀现象、抑制现象、过制现象，是指两种或两种以上不同味型的化学呈味物质，以适当的比例相配合，同时作用于味觉器官，从而导致其中一种呈味物质所引起的味觉明显降低减弱。如在酸味较重的菜式中加入甜味，使得酸味刺激感降低，在咸味过重的菜肴中加入甜味，在辣味重的菜肴中加入甜味，在油腻味重的菜肴中加入甜味或酸味，在腥膻味重的菜肴中加入咸辣香味，这些做法都是在利用味觉相消来降低不良味觉的感受程度。

香橙焖鸭子

菜品类型：	主　菜
烹调方法：	焖　制
准备时间：	约10分钟
烹调时间：	约50分钟
原料品种：	鸭　肉
菜式风格：	京　式
主要厨具：	煎锅、焖烧锅、漏勺、手铲、切刀、砧板

成品特点 鸭肉块体形态整齐，色泽红润光亮，皮肉口感松酥软嫩，口味咸鲜柠檬清香，酱汁明黄光洁明亮。

原料

主料 鸭腿肉300g

调料 食盐10g　姜片30g　黄酒50g　胡椒粒10g

柠檬汁30g　大葱段30g　白砂糖20g　花生油30g

淀粉20g

相关知识

土食主义

　　土食主义就是鼓励人们在住所周边搜寻新鲜的菜果肉蛋等本地食品。"土食主义"倡导减少污染，旨在节约用于辗转千里运输过季蔬菜的矿物燃料，尤其是汽油柴油对沿途环境的污染。减少污染环节，鼓励民众自己参与生产一些食物，培养生活的情趣，并与当地农场工作人员保持联系，减少销售环节，食用自然时节生产的新鲜蔬菜。

制作步骤

1 鸭腿肉去骨整理清洗干净，控净水分，表面均匀粘上淀粉，油煎至上色定型。

2 煸炒大葱段、生姜片透出香气，加入鸭腿肉，烹入黄酒、柠檬汁，加入食盐、白砂糖、胡椒粒、清水淹没鸭腿肉，大火烧开，调理好滋味，改小火加盖焖制30分钟。直到水分蒸发，酱汁自然黏稠。

3 用米饭垫底，鸭腿肉摆放在上面，调好酱汁的颜色，收粘酱汁，浇淋在鸭肉上面和餐盘中间。

杏仁香酥鸭

菜品类型：	主 菜
烹调方法：	炸 制
准备时间：	60分钟
烹调时间：	约10分钟
原料品种：	鸭 肉
菜式风格：	京 式
主要厨具：	炸锅、漏勺、手勺、切刀、砧板、保鲜膜、吸油纸

成品特点 此菜式鸭肉形态整齐，刀口严谨，色泽金黄，口感酥脆软嫩，口味咸鲜浓香，是京派中的传统经典。

制作步骤

1 大葱、生姜切碎与瘦肉馅、鸡蛋、黄酒、胡椒粉、食盐调和均匀，搅拌上劲。

2 蒸酥鸭冷却拆掉骨，皮下肉上平展铺开，厚的片掉，补在薄的地方，平整处理后拍上一层面粉，抹上0.5厘米厚度的肉馅。

3 将杏仁镶嵌在肉馅上，按压平整。

4 将肉块用漏勺托起，放入八九成热油中，炸至鸭肉表面和杏仁呈金黄色，肉质成熟香酥，取出沥净油脂，用吸油纸吸取多余的油脂。

5 切成大小一致块状，摆放整齐。

原料

主料	蒸酥鸭1 000g
配料	干杏仁100g 瘦肉馅200g
调料	食盐10g 鸡蛋50g 面粉50g 胡椒粉10g

大葱30g 生姜30g 黄酒50g 花生油1 000g

中高烹调油温的经验鉴别 相关知识

中油温：160~200℃，五六成热，油面泡沫基本消失，搅动时有响声，有少量的青烟从锅四周向锅中间翻动，适用于炒、熗、炸等烹制方法。具有酥皮增香，使原料不易碎烂的作用。下料后，水分明显蒸发，蛋白质凝固加快。

高油温：200℃以上，七八成热，油面平静，搅动时有爆裂响声，冒青烟。适用于爆和复炸等方法。具有脆皮和凝结原料表面，使原料不易碎烂的作用。下料时见水即爆，水分蒸发迅速，原料容易脆化。切忌将食用油长期反复加热使用。

炸奶酪鸡卷

| 菜品类型：主 菜 |
| 烹调方法：炸 制 |
| 准备时间：约20分钟 |
| 烹调时间：约10分钟 |
| 原料品种：鸡 肉 |
| 菜式风格：俄 式 |
| 主要厨具：炸锅、漏勺、切刀、砧板、吸油纸、拍刀、保鲜膜 |

成品特点 此菜呈橄榄球形状，圆润饱满、体形完整，外部色泽金黄、芳香酥脆，肉质软嫩，奶酪香浓柔软。配菜土豆丝金黄酥脆，豌豆碧绿鲜嫩爽口。

原 料

主 料 大胸肉200g

配 料 咸面包糠50g 炸土豆丝200g 软奶酪100g 绿豌豆60g

调 料 黄酒30g 姜汁10g 鸡蛋80g 食盐10g 面粉80g 白胡椒粉10g 花生油1 000g 玉米淀粉30g

相关知识

炸制类型

　　"炸"是利用烹调油脂良好的储热导热高温特性浸没原料进行加热的烹调方式，根据原料腌渍方法、预热处理方式、着衣处理方法、成品外部质感等，炸制的方法可以概括分为干炸、软炸、酥炸、脆炸、清炸、油淋炸、油浸炸、纸包炸、碎屑料炸等。

制作步骤

1 选用新鲜咸面包糠。软奶酪捏成5厘米长的橄榄形。

2 选用带翅骨新鲜大鸡胸肉，剔除筋膜和外皮，整个片成0.5厘米厚度橄榄片，保鲜膜包上鸡肉，用保鲜膜包裹，用拍刀轻轻拍平整疏松，太厚不易成熟，加入黄酒、姜汁、白胡椒粉、食盐、玉米淀粉腌渍上浆，冷却静置10分钟。

3 鸡肉片上放奶酪，卷成大个橄榄形，按压结实，表面先滚粘一层面粉，再粘挂一层蛋液，均匀镶嵌上面包糠。

4 将鸡卷轻轻放入到五成热的油中炸制定型，待肉质成熟、散发香气、面包色泽金黄、口感发脆，取出控净油脂，用吸油纸吸取多余的油脂。

5 盘中放上炸土豆丝和煮豌配菜，放上鸡卷，翅骨套上装饰花。

糯米填瓤鹌鹑

菜品类型：主 菜
烹调方法：蒸炸组合
准备时间：约40分钟
烹调时间：约40分钟
原料品种：鹌鹑
菜式风格：京式
主要厨具：蒸箱、炸锅、手勺、切刀、剔骨刀、砧板、保鲜膜或锡纸、吹风机

成品特点 此菜品鹌鹑皮色光洁芳香，酱汁色泽红润光亮，口味咸甜浓香适宜，鹌鹑肉质细嫩芳香，糯米细嫩黏滑。制作采用填瓤工艺，实现多原料的组合烹调，在一个狭小的空间里，制造一种融合的新味道。

制作步骤

1 糯米、芸豆、白果使用清水浸泡20分钟后，蒸制20分钟。番杏叶清洗后控掉水分。

2 将整只鹌鹑清洗干净，割掉尾尖，分割部位后剔除骨骼，去掉残留在颈部的淋巴、食管和气管，鹌鹑肉加入黄酒、食盐、胡椒粉腌渍。

3 将鹌鹑肉包裹糯米、芸豆、白果，外部使用保鲜膜捆扎成肉卷后蒸制20分钟。

4 将笔杆笋加入黄酒食盐，经小火焖制成鲜美醇香的酒醉竹笋备用。

5 擦干肉质表面水分，涂抹麦芽糖浆、米醋、玫瑰露酒调制的糖浆，用吹风机吹干外皮后炸制芳香、光亮、枣红色即可。

6 餐盘点缀上酱油和糖调制的琥珀色酱汁。中间放上切割成块状的肉卷，配上酒醉竹笋和番杏叶。

原料

主料 鹌鹑100g

配料 糯米50g 酒醉竹笋20g 白果20g 芸豆20g 番杏叶30g

调料 黄酒20g 玫瑰露酒10g 白米醋10g 酱油20g 白糖10g 食盐5g 胡椒粉20g 葱姜碎40g 麦芽糖浆30g 花生油50g

过油热处理的作用 相关知识

1. 麦芽糖是淀粉的基本组成单位，淀粉则是麦芽糖的高聚物。麦芽糖是由用淀粉酶水解淀粉得到。

2. 麦芽糖的稳定性使它在受热后变色缓慢，麦芽糖的梅拉德反应比葡萄糖弱，从加热温度和时间上可对此反应进行控制，烹饪时，通过控制火候来调节温度变化，使菜肴产生诱人的色泽。

3. 由于麦芽糖分子中不含果糖，烤制后食物的相对吸湿性较差，脆度更好，强化了皮质酥脆程度，能抑制食品脱水和淀粉老化，如烤鸭、烧鹅、烤乳猪、炸脆皮乳鸽等都在使用。

4. 麦芽糖在缺少胰岛素的情况下也可被肝脏吸收，不引起血糖升高，可供糖尿病人食用。

香葱焦糖煎鸭肝

菜品类型：	头 盘
烹调方法：	煎 制
准备时间：	约10分钟
烹调时间：	约15分钟
原料品种：	番鸭肝
菜式风格：	法 式
主要厨具：	煎锅或烤板、手铲、切刀、砧板、胡椒磨

成品特点 形状完整一致，刀口整齐均匀，表面褐色斑纹诱人，香气浓郁，口感柔软细腻嫩滑，配菜颜色红润明亮、口味甜咸，橙香美妙浓郁。

原 料

主料	大鸭肝300g
配料	红皮葱头100g
调料	胡椒粒10g　白糖20g　香橙酒（或玫瑰露酒）20g　食盐10g　香橙汁10g　花生油20g

制作步骤

1 红皮葱头切细丝状，用花生油慢慢煸炒爆香，将葱头中糖煎成焦糖色，散发出香气，加入香橙酒、香橙汁、食盐、白糖调理味道之后，改成小火焖烧10分钟，制成软烂成泥的蜜汁香葱，作为配菜。

2 选择冻结状态的大鸭肝进行切块，切成1厘米厚的片，以获得鸭肝特有的自然品质。

3 将冻结的鸭肝切块直接放在炽热锅面上，两面分别煎至凝固定型，呈褐色斑纹。

4 将蜜汁香葱放入餐盘中间垫底，放上煎好的鸭肝，轻轻撒上新鲜的胡椒碎，缀上其他装饰即可。

相关知识

世界三大珍馐

1.鹅肝与鱼子酱、松露并列为"世界三大珍馐"。

2.由于成本问题，番鸭的大鸭肝很多时候成了鹅肝的替代品。我国通过人工养殖番鸭，来生产硕大的鸭肝，这已经成为一个产业。鸭肝和鹅肝之间的微小区别是很难判断出来的。

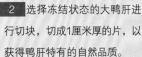

3.冷冻烹调又称升华烹调，冻结切块直接进行高温加热，从0℃瞬间跨越到100℃以上，外表因为高温受热迅速凝固形成保护层，从而封锁住鸭肝的汁液油脂。

炸脆皮乳鸽

菜品类型：主 菜
烹调方法：炸 制
准备时间：约60分钟
烹调时间：约5分钟
原料品种：乳 鸽
菜式风格：京 式
主要厨具：炸锅、煮锅、手勺、切刀、砧板、挂钩、刷子、电风扇

成品特点 形体完整无破损，乳鸽外皮枣红色，红润光亮，酥脆芳香，肉质软嫩多汁，芳香浓郁，咸鲜适度，脆嫩交错，香中带甜，烹饪方法涉及卤制、走红、晾皮等。

制作步骤

1 乳鸽选用生长期在20天左右的雏鸽，将乳鸽内外洗整理干净，摘去颈部的淋巴结，切掉爪子，用开水迅速冲烫除去血污，使外皮绷紧后清洗干净。

2 煮锅里用上汤、小茴香、豆蔻、丁香、食盐、玫瑰露酒、老抽等制成红卤水，把控净血水的乳鸽放入浸泡30分钟成熟，赋予滋味。控净水分，风吹干燥表皮10分钟。

3 将麦芽糖蒸制回软，使用大红浙醋、玫瑰露酒调和溶解，均匀涂在乳鸽外皮上后挂起，用电风扇吹干外皮30分钟。

4 乳鸽外皮经过风干处理，用热油浇淋炸制红润光亮，芳香酥脆，斩切成块，配合冰花梅酱和淮盐辅助调料食用。

原料

主料 乳鸽2只700 g

调料 小茴香10g 冰花梅酱30g 大红浙醋50g 老抽200g 淮盐10g 麦芽糖30g 玫瑰露酒20g 花生油1 000g 豆蔻10g 丁香10g

相关知识

麦芽糖的神奇芳香

1.烤制和炸制经过糖浆着衣处理的肉禽菜品时，产生芳香气味。

2.如果用蜂蜜、蔗糖着衣上色，由于分解后有果糖产生，加热后产生的芳香气味可影响菜品正常芳香气味。

3.麦芽糖水解生成葡萄糖，反应较缓慢，产生挥发性物质，它和肉质形成诱人的风味。故在制造肉质食品香气方面，麦芽糖应为首选着衣上色糖浆。

【鱼类】

老醋熘鱼卷

菜品类型：	头　盘
烹调方法：	蒸　制
准备时间：	约20分钟
烹调时间：	约20分钟
原料品种：	草　鱼
菜式风格：	京　式
主要厨具：	蒸箱、炒锅、手勺、手铲、切刀、砧板、保鲜膜、拍刀

成品特点　此菜式鱼卷形体完整而饱满，像突起的山峰，鱼肉洁白鲜嫩，酱汁颜色光洁红润呈琥珀色，口味酸甜咸鲜醇而稳重，口感细致柔软，爽滑协调完美自然，有传统深厚的古韵。

原　料

主料　草鱼肉1 000g

调料　黄酒50g　食盐5g　陈醋50g　白砂糖30g
白胡椒粉10g　姜汁50g　细香葱40g　花生油30g
生抽30g

制作步骤

1　草鱼肉片成长方片，清洗处理干净，用保鲜膜包裹后，用拍刀拍平整，使用食盐、白胡椒粉、淀粉、姜汁腌渍上浆。

2　鱼肉卷成卷状，固定形态，放入盛器中覆盖上保鲜膜，蒸制10分钟。

3　炒锅烧热花生油，烹入陈醋、黄酒，加入生抽、白砂糖、调好色泽口味后，使用淀粉调和

制成香醇鲜酸微甜、呈琥珀色的醋熘酱汁，放入餐盘的中央均匀铺底。

4　鱼卷轻轻地铲起，拖入到餐盘中间的酱汁上，点缀上细香葱。

相关知识

熘制

　　1.熘是烹调中旺火速成的烹调方法，是中式烹饪个性特点最为突出的、应用最广的烹饪技法。

　　2.熘的类型。根据前期预热处理方法以及调味酱汁的性质类别和味型等，熘制方法可以概括分为焦熘、滑熘、软熘、糟熘、醋熘、糖醋熘、糖熘等。

　　3.操作要点。芡汁明亮光洁、数量较多、黏稠度较大、均匀包裹住原料。

　　4.施芡的方法。浇淋、翻拌均质、铺底，芡汁是琉璃状的流芡和糊芡形式，餐盘中有少量的调味酱汁。

果汁松子鱼

菜品类型:	主 菜
烹调方法:	炸 熘
准备时间:	约30分钟
烹调时间:	约10分钟
原料品种:	淡水鱼
菜式风格:	苏 式
主要厨具:	炸锅、炒锅、手勺、切刀、剪刀、刮刀、砧板、保鲜膜、吸油纸、竹筷子

成品特点 此菜式整体形态栩栩如生，造型异常的简捷精美，立体感强烈，大胆应用酱汁铺底调理装饰，红色的酱汁，金黄色的鱼肉，酸甜咸鲜荔枝味型，犹如歌剧中耐人寻味的咏叹调。

制作步骤

1 草鱼去鳞经过泡烫刮除黑膜，摘除内脏，清洗整理干净，擦净鱼表面水分，切掉头尾，从脊部开片出骨取下鱼肉。

2 在肉质一面用斜刀法落刀，每间隔0.5厘米的宽度剞上一字形平行的刀纹，深度达到鱼皮，旋转刀刃与鱼片成交叉状，每间隔0.5厘米的宽度，采用直刀法将鱼肉分割成丝条形状，深度到鱼皮。鱼丝由鱼皮相连，冲洗分离刀口。

3 用白胡椒粉、姜汁、黄酒腌渍鱼肉，密封保鲜，放入冷却环境中存放10～20分钟。

4 炒锅加热花生油后，煸炒番茄汁，烹入黄酒，加入清水、冰糖、辣酱油、食盐等，加入白醋调制成荔枝味型酱汁，调好口味、颜色，用玉米淀粉勾芡增稠。

5 松子用温油炸成淡黄色，迅速冷却采用吸油纸净油。

6 鱼肉轻轻滚粘干玉米淀粉，用竹筷子固定形体，抖散花形，六成热油炸定型、酥脆、金黄色及时控净油脂。

7 红色炽热的糖醋汁铺在盘中，放上炸好的鱼，撒上松子即可。

原料

主料	草鱼1 000 g
配料	松子50g
调料	黄酒30g　玉米淀粉100g　白胡椒粉10g

姜汁10g　番茄汁50g　食盐20g　花生油1 000g

白醋30g　辣酱油10g　冰糖40g

相关知识

色彩的心理效应和象征意义

菜肴颜色是表面对光折射形成的视觉，成功的应用好颜色，能够给视觉审美带来强烈的冲击力，形成良好的视觉心理感受。在人的感情方面产生特定的心理效应，能够影响人的情绪变化，如冷暖、明暗、远近、大小、抑郁、兴奋、紧张、轻松、安静、烦躁。

炎热的夏季注意选用冷色、白色基调的颜色，寒冷的冬季注意选用暖色、黑色基调的颜色。

红色象征着热情奔放、热烈、喜庆。给人生动、兴奋、激情、鲜明、强烈、浓厚、饱满、冲动、新鲜的感觉。橙色有强烈醒目的刺激特性。黄色有醒目的视觉冲击特性，象征着富贵吉祥、华贵显赫，给人成熟、柔软、温暖、热情、香甜的感觉。绿色有镇静和稳重作用，象征着生命活力、稳重，给人以清新、安宁、细嫩、淡雅、和平、清凉、酸涩的感觉。棕色象征着宁静、稳重，给人沉稳、浓郁、芳香的感觉。白色象征着纯洁、真挚，给人洁净、清淡、软嫩的感觉。

糖醋鲤鱼

菜品类型：	主 菜
烹调方法：	熘 制
准备时间：	约20分钟
烹调时间：	约40分钟
原料品种：	鲤 鱼
菜式风格：	京 式
主要厨具：	炸锅、漏勺、炒锅、手勺、切刀、砧板、吸油纸、刮刀

成品特点 此菜式整体如蛟龙出水雕塑一般，富有强烈的视觉冲击力，口味甜酸浓重，咸香醇厚，酱汁黏稠透明，色泽金黄明亮如玛瑙，质感外焦里嫩。

原 料

主料 鲤鱼1 500g

调料 黄酒40g 玉米淀粉200g 土豆淀粉50g
葱姜丝30g 米醋100g 白砂糖100g 食盐20g
花生油2 000g 姜汁30g 胡椒粉20g 焦糖色30g

制作步骤

1 整条鲤鱼经过基础加工、泡烫处理、刮洗干净，后两侧鱼肉分别剞上牡丹花刀，切成花瓣形状。用食盐、黄酒、姜汁、胡椒等调料搅拌均匀，腌渍调味，使鱼肉具有一定底味。

2 玉米淀粉加清水调制成黏稠的水粉糊，涂抹到鱼肉上，然后再粘挂一层干玉米粉，轻轻地按压使粉层稳定，使糊层加厚、花纹分开。

3 花生油烧至八成热，将挂好糊的整鱼抖散之后，分两侧分别放入到油中，浸没炸制膨胀、酥脆成熟、上色、芳香，倒入漏勺中沥净油脂。

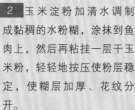

4 炒锅煸炒葱姜丝散发出香气，放入黄酒、焦糖色、白砂糖、米醋、食盐、清水调理好色味，用湿土豆淀粉勾芡，加热起泡黏稠。

5 鱼复炸后盛入盘中，酱汁浇淋在鱼块上，点缀装饰即可。

相关知识

过油热处理

过油是以食用烹调油脂为传热媒介的热处理方式。根据加热过程中相对温度不同有滑油和油炸。

滑油也称滑油划油、拉油、简称滑，油数量相对较少，使用油量可以控制在原料数量的一倍以内，油温控制在五成热以下，相对温度90～150℃，适用形状较小，经过上浆处理的动物性原料，利用油脂均匀加热原料。经过滑油处理的原料，可以采用出水等方法，清除附载原料上面多余的油脂和腻味。

炸油又称走油、余油、冲油，简称炸。油数量相对较多，能够浸没原料，油温控制在五成热以上，相对温度130～210℃，适用挂糊处理的小型原料、淀粉物质较多的植物茎类原料以及外表干燥的大型动物原料。

清煎紫苏鱼卷

菜品类型：	主 菜
烹调方法：	烤 制
准备时间：	约15分钟
烹调时间：	约10分钟
原料品种：	草 鱼
菜式风格：	京 式
主要厨具：	煎锅、竹签、手铲、切刀、砧板、泡沫充气机或搅拌器

成品特点
造型简洁，口味咸鲜清香，鱼肉细腻鲜嫩，色泽金黄明亮。

制作步骤

1 草鱼肉加工干净切成长条状，用新鲜的紫苏叶、黄酒、胡椒粉、姜汁腌渍5分钟。

2 腌渍鱼肉条，用食盐、玉米淀粉上浆，紧密地卷成卷，用竹签固定形体后逐个均匀裹粘一层面粉。

3 轻轻托入煎锅中已加热的花生油中，晃动煎至两面呈金黄色、定型、成熟。

4 将煎好的鱼卷放入餐盘的中间，也可以配上大豆卵磷脂和纯净水形成的泡沫装饰。

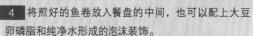

原料

主料 草鱼肉300g

调料 面粉50g 黄酒20g 玉米淀粉20g
紫苏叶40g 食盐5g 胡椒粉10g 姜汁20g
花生油30g

低碳菜式设计

联合国数据显示，全球肉制品加工业排放的温室气体占排放总量的18%，超过交通业。

地球上共有15亿只家养牛和野牛，17亿只绵羊和山羊，而且它们的数量还在快速增长。一名素食主义者，每年的二氧化碳排量减少约1.5吨。生产1千克牛肉产生36.4千克二氧化碳，因此，倡导素食主义饮食。

水果、蔬菜和水产品生长过程中消耗的能源相对畜牧业较少，产生的二氧化碳要少。这是今天菜式设计理想的选择。

选择本地周边生长生产的淡水产品，就近选材，降低原料在运输过程能源的消耗，符合土食主义饮食观念。

相关知识

糖醋鱼片

菜品类型：	主 菜
烹调方法：	熘 制
准备时间：	约20分钟
烹调时间：	约40分钟
原料品种：	草 鱼
菜式风格：	京 式
主要厨具：	炒锅、漏勺、炸锅、手勺、切刀、砧板

成品特点 此菜式玲珑剔透，整体丰满突出，充满张力，口味甜酸咸香似荔枝，色泽金黄明亮如琉璃，质感外焦里嫩，餐盘中有少量的汁液，酱汁黏稠透明光洁明亮，点缀装饰夸张，有空间感。

原 料

主料 草鱼肉200g

调料 黄酒20g 白砂糖50g 米醋30g 胡椒粉30g
焦糖色10g 花生油500g 姜汁10g 玉米淀粉30g
食盐10g 葱丝10g 姜丝10g

制作步骤

1 草鱼肉切成磨刀片形，如牡丹花瓣。用食盐、黄酒、姜汁、胡椒粉等调料搅拌均匀，腌渍调味，使鱼肉内部具有一定的底味，达到三成咸口即可。

2 用细腻的玉米干淀粉加清水调制成水粉糊。将鱼肉放入到糊中轻轻翻拌均匀，然后粘挂一层干玉米粉，使之均匀包裹住鱼肉，轻轻地按压使粉层稳定。

3 花生油烧至八成热度，将挂好糊的鱼肉放入到油中，浸没炸至膨胀、酥脆成熟、上色、芳香，倒入漏勺中沥净油脂。

4 炒锅煸炒葱姜丝散发出香气，放入黄酒、焦糖色、白砂糖、米醋、食盐、清水调理好酱汁，湿淀粉勾芡，加热起泡后，放入炸好的鱼片，翻动炒制，使酱汁均匀地包裹住鱼片。

5 将鱼片平稳盛入盘中，堆积成塔形，将锅中剩余黏稠酱汁浇淋在鱼块上，呈琉璃状，点缀装饰即可。

相关知识

化学味觉

化学味觉是指食物中化学性质的呈味物质，刺激味觉、嗅觉感应器官神经细胞所引起的感知觉。

化学味觉感觉到具体味知觉有酸、甜、苦、辣、鲜、香、咸、腥、膻、臭等。感受到食物中的呈"味"物质，习惯上称之为"味感"。

口腔味觉感受器官，由于唾液或食物溶液将具有化学性质的可溶性呈味物质溶解，作用于口腔黏膜和舌部表面神经细胞中的味蕾味孔刺激味感神经之后，经大脑的判断，形成的味知觉。

鼻腔嗅觉器官中的黏膜神经，可对具有化学性质气味物质进行感受判断形成嗅觉，味觉和嗅觉往往相互影响和作用。

五香熏鱼

菜品类型：头 盘
烹调方法：红 烧
准备时间：约10分钟
烹调时间：约15分钟
原料品种：草 鱼
菜式传统风格：苏 式
主要厨具：炸锅、炒锅、手勺、切刀、砧板

成品特点 此菜式古朴典雅，自然浑厚，酱汁色泽明亮似琥珀，浓油赤酱，酥脆鱼皮，鱼肉细嫩，咸甜并重，醇香浓厚，味道充实饱满。

制作步骤

1 草鱼加工干净，带皮剔除骨骼，切成瓦块状。

2 鱼肉用酱油、姜汁、五香粉、黄酒、食盐腌渍10分钟。

3 鱼肉擦干表面水分，放入已加热花生油的炸锅内炸至表面干燥脱水、定型、上色、成熟。

4 姜片、葱段炒香，烹入黄酒，加入冰糖，食盐、水烧至熔化，放入炸酥的瓦块鱼，烧制黏稠光亮，鱼肉包裹酱汁，出锅前淋上香油即可。

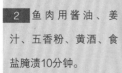

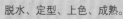

原料

主 料 草鱼500g

调 料 酱油20g 冰糖40g 姜汁20g 黄酒30g 花生油1 000g 食盐5g 五香粉10g 姜片20g 葱段20g 香油5g

相关知识

海派川菜

"海派"一词最早与清末民初的"海上画派"有关。上海代表了中国近代以来最具活力的地方文化之一，"五四"运动之后，新文化运动在全中国兴起，被称为中国的"文艺复兴"。新文化运动在北京和上海均有很大的发展。海派文化的主体，根植于江南地区传统的吴越文化，并且融入了开埠以后来自欧美地区的各国文化，而逐步形成的一种不同于我国其他地区的、属于上海的独特文化。海派文化对于我国近现代社会的生活产生了重要的影响。同时期的上海梅龙镇酒家菜品风格由扬（菜）入川（菜），在一代烹饪宗师沈子芳先辈的主理下，以海派川菜独创一格，既继承正宗川菜酸、甜、香、麻、辣的传统，又结合上海地区口味作了创新，曾被誉为"一流川菜梅龙镇"。1954年梅龙镇酒家的陈世往师爷将海派川菜引入北京，并落户北京民族饭店，开创了京城融合菜式的先河。

干炮小公鱼

| 菜品类型：头 菜 |
| 烹调方法：烤 制 |
| 准备时间：约10分钟 |
| 烹调时间：约15分钟 |
| 原料品种：公 鱼 |
| 菜式风格：京 式 |
| 主要厨具：电加热铛、漏勺、手铲、洁布 |

成品特点 干炮属于北京地方叫法，取自炮烙之意，是用铁锅煎烤、铁板煎烤的意思，此菜式形体完整，色泽金黄，不加修饰，入口表现香酥脆嫩，咸鲜清香，朴实无华，平凡自然。

原料

主料 小公鱼300g

调料 黄酒20g 花椒盐10g 胡椒粉10g 姜片20g
玉米淀粉30g 葱段30g 花生油30g

制作步骤

1 选用新鲜小公鱼，清洗干净，用布擦净表面水分。放入葱段、姜片、胡椒粉、黄酒、玉米淀粉，轻轻拌匀，腌制5分钟。

2 将电铛烧热后均匀涂抹上花生油。

3 将小公鱼逐条成排摆在铛上，小火烤制10分钟。至鱼肉干燥、酥脆，呈金黄色，散放出鱼香气息。

4 整块扣在盘里，或轻轻铲起来，整块连体摆放在餐盘中，撒上花椒盐即可。

相关知识

烤的类型

"烤"主要是利用加热炉具中的红外线和远红外线形成炽热高温，以直接辐射传热形式进行加热的方法。

根据火焰明暗程度分为明火烧烤（红外线烤箱、炭火槽）和暗火烧烤（闷炉、炙炉、铁板、石锅、地坑烤炉、盐粒、砂粒等）。

根据热源不同分为木柴烤、木炭烤、电烤等。

根据烤制具体形式分为网架烤、叉烤、串烤、铁板（平板、条板、坑板）、石板、金属锅、石锅、玻璃板、锡纸包烤等。

黑椒金枪鱼

菜品类型：头 盘
烹调方法：煎 制
准备时间：约10分钟
烹调时间：约10分钟
原料品种：海 鱼
菜式风格：美 式
主要厨具：锅、手勺、切刀、砧板、吸油纸

成品特点 此菜式采用升华烹调，原料在冻结状态加热切割，鱼肉外表的黑胡椒色泽沉重，鱼肉红色鲜艳自然，立体空间摆放突出菜式的视觉冲击，口味鲜咸清香，口感柔软细腻多汁而富有弹性。

制作步骤

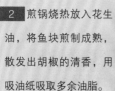

1 选用冷冻状态的金枪鱼肉，切成厚度为3厘米、长12厘米、宽6厘米的长方块形，表层涂抹黑胡椒碎和食盐，按压固定结实。

2 煎锅烧热放入花生油，将鱼块煎制成熟，散发出胡椒的清香，用吸油纸吸取多余油脂。

3 迅速冷却到冰点后，冻结状态切割成厚度为0.5厘米、长6厘米、宽3厘米的长方厚片，直立摆放在餐盘中。

4 配上煮熟冷却的凤尾形状的虾、鲜柠檬片以及生菜，点缀上黑醋酱装饰。

原 料

主 料	金枪鱼1 000g
配 料	凤尾虾50g 柠檬片20g
调 料	黑胡椒碎50g 黑醋酱20g 花生油100g
	食盐10g

相关知识

升华烹调

升华烹调又称冷冻烹调、冻结烹调，主要是严格选用符合食品安全，完全冻结状态的无骨的金枪鱼、牛肉等，外表温度从0℃直接煎烤迅速升华加热到180℃，持续时间3~5分钟，热度渗透到浅层，中心仍然处于冻结状态，食物的切割过程也要严格遵循食品安全要求进行。食物的外表容易受到致病细菌的感染，冻结状态下渗透力很弱，浅层瞬间升华烹调，能够有效地保持原料特有的质感、色泽、形态、味道、营养价值。

果汁菊花鳜鱼

菜品类型：	主 菜
烹调方法：	炸 熘
准备时间：	约30分钟
烹调时间：	约30分钟
原料品种：	鳜 鱼
菜式风格：	京 式
主要厨具：	炸锅、漏勺、炒锅、手勺、切刀、砧板、竹筷子

成品特点 此菜形体简约，式形似盛开的菊花，甜酸咸鲜清香口味，酥脆的口感，颜色红润清洁明亮的芡汁，将鱼肉最感动人的一面完美优雅地呈现出来，体现出学院派烹饪设计的风格。

原 料

主料 鳜鱼肉400g

调料 黄酒6g 白砂糖60g 米醋50g 食盐10g
胡椒粉10g 玉米淀粉100g 花生油1 000g 姜汁10g
番茄沙司100g

制作步骤

1 带皮鳜鱼刮洗干净，肉用斜刀法，每间隔4毫米剞上平行刀纹，深度达鱼皮，鱼皮连接，每5～6片顺着刀纹切割成斜块，旋转刀刃与鱼片成十字交叉，采用直刀法将鱼片切成丝条状，深度达到鱼皮。

2 使用胡椒粉、姜汁、黄酒调和腌渍鱼肉。

3 用白砂糖、番茄沙司、黄酒、米醋、食盐、清水烧开之后充分调和均匀制成颜色红润、光亮透明、呈甜酸咸香的糖醋汁。

4 控净腌渍鱼肉水分，轻轻均匀地滚粘一层细腻的干玉米淀粉，轻轻地抖散花形，分离粘连的丝条，静置5分钟，待水分渗透粉层。

5 炸锅内的花生油加热至六成热度时，将鱼肉抖动散开，用竹筷子夹成菊花形状，分别放入到热油中，炸至酥脆、定形、金黄色及时离火出锅，控净油脂。

6 炒锅放入少量花生油煸炒足量的糖醋汁，烧开后调理好口味、颜色，使用水淀粉勾芡增稠酱汁。

7 盘子中用酱汁铺底，将炸好的鱼肉盛放在上面，或将有黏稠度的炽热糖醋汁淋浇在鱼肉上面，撒上松子进行必要的装饰即可。

相关知识

降低鱼肉腥臭味的方法

淡水鱼中鱼肉土腥味与土味素有关，腥味与三甲胺有关，臭味组与胺有关。其实没有绝对的腥线，鱼测线也没有明显腥味。

宰杀放净血液，从鱼鳃处放血，使鱼肉中的毛细血管不会吃进鱼血，降低鱼肉腥味。这样的鱼肉洁白如玉，腥味弱。

加工去腥。除去鱼鳃、鱼牙、鱼喉骨。用低于15℃的冷水浸泡漂洗，稀释并水解鱼肉中的血液腥味物质。热水泡烫，将去鳞的整鱼用80℃热水稍泡一下，刮去表层皮膜和腹腔皮膜，尤其蒸鱼更要如此。

调料去腥。牛奶浸泡鱼肉，再烹炸，可以降低鱼腥味。食盐加酸法、食盐加碱法去腥。烹调中加姜、食醋、酒类都可以起到去腥的作用。

加热去腥。利用高温煎炸、脱水使腥味挥发。

剁椒蒸鲢鱼头

菜品类型：	主 菜
烹调方法：	蒸 制
准备时间：	约30分钟
烹调时间：	约20分钟
原料品种：	胖头鱼
菜式风格：	湘 式
主要厨具：	蒸箱、炒锅、手勺、切刀、剪刀、刮刀、砧板、保鲜膜

成品特点 此菜借助湘菜传统酱汁的特点加以改造，鱼头形体完整，颜色光洁红色艳丽，口味香辣浓重刺激，咸鲜醇厚回味悠长，鱼肉柔软，骨肉分离，口感黏滑细腻。

制作步骤

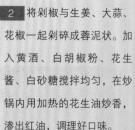

1 选用新鲜鲢鱼头整体泡烫后冷却刮净黑色的皮膜和黏液，摘洗鱼鳃和颚骨，清洗干净，从鱼头内侧将鱼头骨骼劈开。除掉坚硬的脊椎骨和鱼鳍，平放在餐盘中。

2 将剁椒与生姜、大蒜、花椒一起剁碎成蓉泥状。加入黄酒、白胡椒粉、花生酱、白砂糖搅拌均匀，在炒锅内用加热的花生油炒香，渗出红油，调理好口味。

3 将酱汁均匀涂抹在鱼头上，封上保鲜膜蒸制20分钟。

4 将渗出的汤汁倒入炒锅，使用淀粉勾芡增稠，均匀浇淋在鱼头上。

5 撒上细香葱点缀装饰即可。

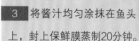

🧺 原 料

主料	小鲢鱼头500g

调料	黄酒30g 玉米淀粉20g 白胡椒粉10g

白砂糖10g 生姜20g 剁椒50g 花生酱10g

大蒜30g 花椒5g 花生油50g 土豆淀粉20g

细香葱10g

相关知识

蒸制

蒸制主要是以高温受热的水蒸气的对流传热方式进行烹调加热的方法。

蒸制主要选用自然新鲜程度较高、质地较嫩、香味浓重的原料，最大限度地保持原料的原汁原味和形态，蒸制过程采用保鲜膜、油纸或加盖方式，能够减少成品中不必要的水气渗入。

煎蒸雪菜鳜鱼盒

菜品类型：	主　菜
烹调方法：	蒸煎组合
准备时间：	约20分钟
烹调时间：	约10分钟
原料品种：	鳜　鱼
菜式风格：	京　式
主要厨具：	蒸锅、煎盘、漏勺、手铲、切刀、砧板、刮刀、剪刀、尖刀

成品特点 此菜式雪菜的鲜美清新与鱼肉的鲜美融为一体，形态完整饱满，酱汁红亮，主料形态突出，口味鲜香浓郁深厚均衡。

原料

主料	鳜鱼200g
配料	腌雪里蕻100g 肉末20g
调料	黄酒20g 面粉20g 姜片20g 葱段20g 姜汁10g

鸡蛋20g 香油10g 食盐20g 胡椒粉20g 酱油40g 淀粉50g

花生油50g 鸡蛋20g 葱姜末20g 李派林汁10g

相关知识

如何选择低碳饮食

国际素食主义认为选择肉食至少伤害三个对象：一是动物，二是自己，三是地球。碳排放主要是二氧化碳排放，畜牧养殖业的温室气体排放量比全球所有交通工具，包括飞机、火车、汽车、摩托车的总排放量还多。少吃0.5千克的肉食，可减排二氧化碳0.7千克。而鱼类有着重要经济价值，养殖鱼类的碳排放，相对要低得多。建议饮食生活中尽可能选择周边近郊生产的鱼类品种。

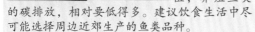

制作步骤

1 腌雪里蕻浸泡后洗净切成碎末，肉末加葱姜末用油煸炒，烹入黄酒，加入酱油，调理好滋味，制成馅料。

2 将鳜鱼肉分割切成大小、形状和质量相等的瓦块形，使用小尖刀将鱼肉中间切开，呈口袋形，填瓤馅。

3 用食盐、黄酒、姜汁、胡椒粉等调料腌渍鱼肉，具有一定的鲜咸基础口味。

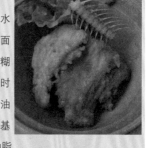

4 整块鳜鱼肉外部水分擦净，均匀滚粘一层面粉，放入调制好的鸡蛋糊液中均匀挂制蛋液，及时放入煎锅内加热的花生油中煎至定型、上色，待基本成熟时，控净多余的油脂。

5 鱼块加封保鲜膜蒸制5~8分钟，待柔软成熟后轻轻取出盛放在餐盘中。

6 煸炒葱姜丝散发出香气，烹入黄酒，加入李派林汁、酱油、淀粉、食盐、胡椒粉、姜汁、清水等调料调制成色泽棕红、口味咸鲜清香、黏稠的酱汁，淋入香油后浇淋在鱼块上，点缀必要的装饰。

酱焖大鱼头

菜品类型：	主 菜
烹调方法：	焖 烧
准备时间：	约20分钟
烹调时间：	约30分钟
原料品种：	鲢鱼头
菜式传统风格：	京 式
主要厨具：	焖烧锅、手勺、刮刀、切刀、砧板、竹篦子

成品特点 此菜品属京式地道的乡土风情特色菜式，朴实无华，酱汁色泽红润，酱香气息浓郁，味道层次分明，鱼肉质感细嫩软滑，口味咸鲜浓香，回味甘甜自然醇厚悠长。

制作步骤

1 新鲜鲢鱼头整体泡烫后冷却刮净黑色的皮膜和黏液，摘洗鱼鳃、鱼牙和颚骨，清洗干净，从鱼头内侧将鱼头骨骼劈开。除掉坚硬的脊椎骨和鱼鳍。将黄酱用黄酒溶开。

2 焖烧锅内用花生油将生姜片、大蒜瓣、大葱段、八角、小茴香、花椒粒煸炒出香气。放入用黄酒溶开的黄酱煸炒爆香，加入鱼浓汤、白糖、胡椒粉，调好颜色、口味。

3 锅中垫上竹篦子，鱼皮一面向下摆放，酱汁淹没鱼头，加盖小火焖制30分钟。

4 汤汁水分蒸发减少变的黏稠红润后，将鱼头轻轻地取出扣在盘子中，过滤汤汁烧至黏稠，调理好滋味、颜色，浇淋在鱼头上。旁边摆放上蒸锅的面卷子。

5 点缀上细葱丝、红椒丝和香菜即可。

🛒 原 料

主 料	鲢鱼头1 000g
配 料	面卷子300g
调 料	黄酱50g 鱼浓汤1 000g 大葱段10g 大蒜瓣30g 生姜片30g 花椒粒20g 小茴香20g 胡椒粉10g 白糖20g 八角茴香10g 黄酒50g 花生油50g 红椒丝20g 香菜20g

相关知识

焖 制

焖制是以汤汁、清水或蒸汽作为传热媒介，原料形体较大，注重形体完整，采用中低火温进行较长时间加热，味道浓重的烹调方法。其他地方叫法有火靠、火文。焖制菜肴利用汤汁自然蒸发，油脂与水的乳化，收汁变黏的自来芡，不需要勾芡处理。

根据酱汁的颜色、调料和焖制容器不同，焖制方法可以概括的分为红焖、黄焖、罐焖、竹筒焖、香糟焖（糟醉）酱焖、油焖、红酒焖、啤酒焖、奶油焖、咖喱焖、香葱焖、果子焖等。

梅子酱熘鲈鱼

菜品类型:	主 菜
烹调方法:	炸 熘
准备时间:	约20分钟
烹调时间:	约15分钟
原料品种:	鲈 鱼
菜式风格:	京 式
主要厨具:	炸锅、炒锅、手铲、刮刀、切刀、粉碎机、砧板

成品特点 此菜式借鉴了干烧冬笋的传统做法,鲜虾形体完整,外皮红润酥脆,虾肉鲜嫩,雪菜干香酥脆,色彩碧绿,菜式设计简约自然,原料层次分明,没有多余的人工雕琢痕迹。

原 料

主 料 鲈鱼600g

调 料 西梅50g 冰糖40g 米醋30g 姜汁20g

红酒50g 玉米淀粉100g 花生油1 000g 食盐5g

白胡椒粉5g

相关知识

熘制芡汁操作要点

熘制方法的关键在于芡汁的增稠处理方面;芡汁要明亮光洁,避免过多搅拌。要保证数量宽余。酱汁黏稠度比较大,使用绿豆淀粉最佳,盛装造型要有想象力,为保证酱汁充满热度,可以冲入热油。保持酱汁黏度,避免不必要搅拌。

制作步骤

1 鲈鱼加工干净,控净水分。切下头部,鱼柳剔除骨骼修整好,剞上十字花刀,刀口深至鱼皮。

2 将腌渍的西梅果肉切碎。

3 将鱼头、鱼柳用食盐、白胡椒粉、姜汁腌渍10分钟。

4 在炒锅内用花生油煸炒西梅果肉碎,烹入红酒,加入米醋、冰糖、食

盐、清水煮至后粉碎调和调制成酸甜汁,用玉米淀粉勾芡增稠。

5 鱼头和鱼柳分别挂粘玉米淀粉,进行着衣处理,放入炸锅炸至定型、上色、成熟,鱼头竖放在餐盘中央,鱼柳摆在旁边。

6 浇淋上黏稠的西梅酱汁即可。

清蒸鲈鱼柳

菜品类型：主 菜
烹调方法：蒸 制
准备时间：约20分钟
烹调时间：约15分钟
原料品种：鲈 鱼
菜式风格：京 式
主要厨具：蒸锅、炒锅、漏勺、切刀、手铲、保鲜膜

成品特点 此菜式借助广东油浸鱼的传统技法，用料朴实，形态丰满，主料突出，口味咸鲜清香，胜似蟹肉，肉色泽洁白如玉，豉汁红润明亮，口感柔软细嫩。

制作步骤

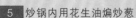

1　清除鲈鱼鳃牙、鳃瓣、喉骨、鱼鳍等，腹部剖开，清除内脏，清除膛内黑膜血污。

2　采用开片剔鱼加工方法，将骨肉整体分割，剔除残留鱼刺和鱼皮，清洗干净，控净水分。采用斜刀法将鱼肉分割切成厚度为1厘米、长6厘米、宽5厘米大小形状相等的瓦块形。

3　鲈鱼块用食盐、黄酒、姜汁、胡椒粉腌渍后沾干表面水分，再用蛋清、玉米淀粉上薄浆，锁住内部水分，避免蒸制汁液流失。

4　保鲜膜封闭平摊开，蒸制5~8分钟。

5　炒锅内用花生油煸炒葱姜丝散发出香气，烹入黄酒，加入生抽、食盐、鱼清汤、胡椒粉、姜汁等调料调制成棕红色、口味咸鲜清香、有黏稠度的鱼豉汁。

6　轻轻取出鱼块盛放在餐盘中，顶端放葱姜丝，浇淋热油激发出香气，盘边放上鱼豉汁，点缀装饰红绿椒丝即可。

🧺 原 料

主 料	鲈鱼400g

调 料	黄酒20g　白糖10g　食盐20g　蛋清20g

葱姜丝20g　玉米淀粉20g　香菜尖10g　胡椒粉20g

红绿椒丝20g　生抽40g　花生油50g　姜汁20g

鱼清汤20g

相关知识

清蒸秘籍

　　清蒸的清字体现在只有主料没有辅料的菜式，口味以咸鲜清淡新鲜为主。

　　安全操作，防止烫伤事故发生。

　　选用新鲜程度高的、质地较嫩、易加热成熟的鲜活冷却水产原料。

　　最大限度保持良好的原汁、原味、原色、原形的特征。

　　过程要充分，掌握好火候。

　　清蒸过程中采用保鲜膜、油纸或加盖封闭进行。

　　蒸前可以进行基础腌渍调味，后期再正式调味。

　　渗出的汤汁经过过滤澄清调理后，部分浇淋在成品上。

奶酪酱烤鲈鱼

| 菜品类型：主 菜 |
| 烹调方法：烤 制 |
| 准备时间：约20分钟 |
| 烹调时间：约20分钟 |
| 原料品种：鲈 鱼 |
| 菜式风格：俄 式 |
| 主要厨具：烤箱、煎锅、手勺、刮刀、切刀、砧板、烤盘、挤袋、花嘴 |

成品特点 此菜式形态完整，白色的酱汁上深深烙下了褐色的奶酪斑纹，炽热的温度，浓厚醇香气韵，口感细腻柔软，淡雅从容咸鲜。同样是一种学院派的设计思想。

 原 料

主料 鲈鱼肉600g

配料 葱头100g　番茄100g　白蘑菇100g
熟土豆200g　熟鸡蛋200g　土豆泥300g

调料 黄油50g　奶酪碎100g　面粉100g　食盐20g
胡椒粉10g　花生油50g　白葡萄酒50g　奶油酱汁500g

相关知识

奶油基础酱汁

主料：黄油100g，奶牛200mL，白色基础汤300mL，面粉100g。

调料：食盐、白胡椒粉。

制作：用黄油把面粉炒香，再加入一半基础汤，并用力顺一个方向搅拌，至汤与面粉完全融为一体，成为糊状，再加入其余的汤和香叶，在微火上煮制20分钟，并不断搅动，然后放入盐、胡椒粉调口即好。

标准：色泽洁白光亮，60℃以上形态为半流体，口味浓香微咸，口感滑爽细腻。

制作步骤

1 将鲈鱼肉片切成牡丹花瓣形的厚片，用食盐、胡椒粉、白葡萄酒腌渍10分钟。

2 把白蘑菇、番茄洗净切片，葱头洗净切丝，熟土豆切片，将鸡蛋煮熟后备用。

3 用煎锅将花生油烧热，将粘过面粉的鱼片煎至金黄色沥油，放入铺上一层奶油酱汁的烤盘内。

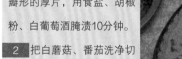

4 煎锅内加热的花生油，放入葱头丝炒至黄色后，倒入烤盘内的鱼片上，并加上白蘑菇、熟鸡蛋、番茄，周围摆上土豆片。

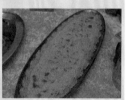

5 覆盖浇上奶油酱汁，土豆泥放入挤袋，在边缘挤成花状，撒上奶酪碎，淋上热黄油，放入烤箱烤至香味散发，形成褐色斑纹即可，垫盘上桌。

叉烧酱烤鳗鱼

菜品类型：	头 盘
烹调方法：	烤 制
准备时间：	约40分钟
烹调时间：	约40分钟
原料品种：	鳗 鱼
菜式风格：	京 式
主要厨具：	烤箱、漏勺、手铲、切刀、砧板、剪刀、刷子、烤盘、烤垫

成品特点 此菜式颜色红润光亮，形体完整无破损，口味咸鲜香甜，口感柔软细腻，肉质香滑圆润肉质，余韵悠长，回味持久，层次分明，可作为热头盘。菜式设计体现出跨境设计元素。

制作步骤

1 用黄酒、生抽、食盐、胡椒粉、葱姜汁、五香粉、烹调油等将鱼肉腌渍调味。

2 鱼肉平放在烤盘刷过油的烤垫上，放入180℃的烤箱中烤制20分钟。

3 将叉烧酱使用黄酒调制成黏稠适度的酱汁，待鱼体表面干燥脱水后刷上叉烧酱，继续烤制15分钟。

4 将熟鱼肉切割成块，整齐摆放在餐盘中，浇淋上部分酱汁点缀装饰即可。

原 料

主 料 鳗鱼800g

调 料 黄酒30g 生抽20g 胡椒粉10g 食盐10g 五香粉20g 花生油30g 叉烧酱80g 烹调油30g 葱姜汁30g

---

相关知识

鳗鱼的加工

1.宰杀鳗鱼之后，使用80℃的热水泡烫，刮掉黏液黑膜和角质鳞片，清洗干净。

2.剪开头部，沿鳗鱼脊部剖开，除掉脊骨内脏和鱼鳃，清洗干净，剞上平行的刀纹备用。

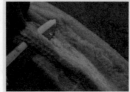

香煎罗非鱼柳

菜品类型：	主　菜
烹调方法：	煎　制
准备时间：	约15分钟
烹调时间：	约5分钟
原料品种：	罗非鱼
菜式风格：	京　式
主要厨具：	煎锅、炒锅、手铲、切刀、砧板

成品特点　菜式整体造型简捷明了，酱汁颜色光亮饱满，鱼肉外皮色泽金黄，鱼肉质感细嫩香滑，口味咸鲜。醋的调味被发挥得淋漓尽致，除了有溶解除去鱼类的腥味的作用外，还有柔和味道、增加光泽、开胃消食、使鱼肉富有弹性等作用。

原 料

主　料	罗非鱼肉120g
配　料	东北姑娘果30g
调　料	鸡蛋30g　面粉20g　黄酒20g　酱油20g

白糖10g　米醋30g　食盐5g　胡椒粉5g　淀粉10g

花生油30g　姜汁10g

相关知识

蒸蛋羹的功夫

　　在对液体蛋类进行蒸制时，要采用慢火小气进行加热，或中途放气的方法，使蛋白质能够逐渐凝固定形，从而形成光滑的体面，高温大气会使蛋液中的水分迅速发生汽化，形成大量气泡，产生蜂窝蛋，破坏成品形态。蒸制过程采用保鲜膜、油纸或加盖方式，能够减少成品中不必要的水汽渗入。

制作步骤

1　将罗非鱼清洗处理干净，肉片切成瓦块状，清洗处理干净，使用食盐、胡椒粉、淀粉、姜汁腌渍5分钟。

2　将腌渍的鱼肉块均匀裹粘一层面粉，然后挂粘鸡蛋液，轻轻托入煎锅中，晃动煎至上色、定型、成熟。

3　将炒锅烧热，放入花生油，烹入黄酒，加入米醋、酱油、白糖，调好色泽口味后，使用

淀粉调和制成香醇鲜酸微甜、呈琥珀色的煎鱼汁。

4　将煎鱼汁放入餐盘的中央均匀铺底，将煎熟的鱼块轻轻铲起，拖入到餐盘中间，淋上酱汁。

豉汁蒸河鳗

菜品类型：	主 菜
烹调方法：	蒸 制
准备时间：	约20分钟
烹调时间：	约20分钟
原料品种：	鳗 鱼
菜式风格：	粤 式
主要厨具：	蒸箱、炒锅、漏勺、手铲、切刀、砧板、刮刀、剪刀、砂锅、保鲜膜

成品特点 此菜式蟠龙造型栩栩如生，完整统一，豉椒酱汁黏稠，色泽红润光亮，豆豉气味浓烈芳香扑鼻，透出远古气息，咸鲜浓香微辣回甜，鱼肉质感细嫩柔软爽滑。酱汁点缀装饰更体现出"惜墨如金"的巧妙设计。

制作步骤

1 选用保持质地新鲜、皮肉完整的白鳝，经过宰杀，外皮经过泡汤刮洗干净，从肛门处取出内脏，冲洗干净。

2 在鳗鱼脊背部，间隔4毫米整齐均匀剞上平行的花刀，切割成蟠龙形状。

3 将粉碎豆豉蓉与葱姜汁、野山椒蓉、蒜蓉一同在花生油中轻轻煸炒散发出香气，烹入黄酒，加入酱油、食盐、白胡椒粉、白砂糖等调制成褐红色，口味具有咸鲜清香微辣回甜，使用土豆淀粉勾芡增稠，淋入少量的香油腌渍鳗鱼肉。

4 保鲜膜封闭后蒸制10分钟。蒸制成熟，汤汁增稠浇淋在鱼肉上，进行必要点缀。

原料

主料	鳗鱼800g

调料 黄酒30g 酱油20g 食盐10g 豆豉蓉50g
食盐10g 白胡椒粉10g 花生油30g 葱姜汁30g
野山椒蓉50g 蒜蓉20g 香油10g 土豆淀粉30g

炸紫苏罗非鱼卷

| 菜品类型：主 菜 |
| 烹调方法：炸 制 |
| 加工时间：约20分钟 |
| 烹调时间：约10分钟 |
| 原料品种：罗非鱼 |
| 菜式风格：京 式 |
| 主要厨具：炸锅、手勺、刮刀、切刀、砧板、粉碎机、吸油纸 |

成品特点 此菜式整体造型简约，菜式格局主题分明，原料之间色彩红绿黄配合巧妙，酥脆柔软的口感和咸鲜清香的口味组合完美，紫苏叶不仅味道清香奇特，还有遏制鱼腥、降解鱼虾之毒的效果，和鱼搭配合理，自然协调。

原 料

主 料	罗非鱼600g
配 料	土豆800g 黄瓜榄400g 胡萝卜榄400g 紫苏叶50g
调 料	面包糠100g 鸡蛋40g 面粉30g 姜汁20g

白葡萄酒50g 白胡椒粉5g 花生油1000g 食盐5g

橄榄油100g 面粉100g

相关知识

碎屑料炸操作要点

　　选用新鲜质嫩极、易加热成熟的原料，原料需要加工成条、块、饼状，或加工成泥茸形状。

　　经过腌渍调味后擦干外表水分，粘挂一层面粉或玉米淀粉，再粘挂一层蛋液，然后粘挂面包粒、面包糠、芝麻、碎果仁、土豆丝、炒米、面线、杏仁片等。

　　将粘挂的原料固定在原料外表之上，炸制时要在六七成的高热油温下放入，否则容易造成粘挂的原料脱落破损，定形之后迅速捞出，防止颜色加重。

　　一般需要采用复炸的方式调整成品的颜色、质感、成熟度，控尽油脂后放在吸油纸上，脱掉多余的油脂之后需要迅速过滤炸油，以防止脱落的碎屑焦化使油脂颜色加重。

制作步骤

1 紫苏叶清洗干净粉碎成蓉泥，加食盐、橄榄油调成绿色清香咸鲜味型的调味汁。

2 将食盐、白胡椒粉、姜汁、白葡萄酒、紫苏蓉泥腌渍的罗非鱼卷成橄榄卷，滚粘面粉后，裹粘鸡蛋液，再滚粘面包糠，在手中团制粉层稳定，不脱落。

3 土豆切丝用食盐腌渍10分钟，脱水炸制酥脆，金黄、芳香。控油后，用吸油纸吸取多余的油。

4 在炸锅中用热的花生油将鱼卷炸至定型、上色、成熟、蓬松、酥脆，取出控油，用吸油纸吸取多余的油。

5 土豆丝垫在餐盘中，上面摆放鱼卷，配上焯水调味的黄瓜榄、胡萝卜榄，点缀上绿色紫苏叶。

烤鲜虾鳗鱼

菜品类型：	头 盘
烹调方法：	烤 制
准备时间：	约30分钟
烹调时间：	约40分钟
原料品种：	鳗 鱼
菜式风格：	京 式
主要厨具：	烤箱、漏勺、手铲、切刀、砧板、剪刀、刷子、烤盘、烤垫、粉碎机

成品特点 此菜式颜色金黄，口味咸鲜香甜醇厚，口感细腻柔软，鱼为主，虾为辅，性质相近，搭配和谐。

制作步骤

1 将鳗鱼脊背剖开，腌渍后放入160～180℃的烤箱中烤制20分钟，清理渗出的水分，用洁布擦干净表面。

2 虾肉、黄酒和葱姜汁粉碎成蓉泥，加入鸡蛋、玉米淀粉、食盐、白胡椒粉、淡奶油，充分搅拌上劲制成虾胶。冷却10分钟备用。

3 将虾胶平抹在拍上面粉层的鱼肉上，厚度约0.5厘米，刷上橄榄油，放入明火炉中烤制15分钟，待虾胶成熟，表面上色、定型。

4 将成熟的鱼肉和虾肉切割成块，整齐摆放在餐盘中，进行必要点缀装饰即可。

原 料

主 料	鳗鱼800g
配 料	虾肉400g
调 料	黄酒30g　白胡椒粉10g　玉米淀粉50g

淡奶油50g　橄榄油30g　葱姜汁30g　面粉50g

食盐10g

相关知识

烤制操作要点

选用新鲜质嫩的原料，原料加工要保持整体形态，或加工成片状、块状等。

根据具体的原料和方法灵活掌握火候，烧烤的调味方法要得当。

烧烤肉类食物不要使用食盐腌制。

烧烤成品菜肴一般需要配合专用辅助调味酱料。

采用网油包裹的原料需要煎制定形后再放入烤箱进行烤制。

烤制整条鱼类时，需要在鱼鳍上粘上食盐以免焦煳。

北京烤鸭的吃法特别讲究，刚刚出炉的烤鸭，要趁热及时片肉。

清煎三文鱼卷

食物类型：	主 菜
烹调方法：	煎 制
准备时间：	约30分钟
烹调时间：	约10分钟
原料品种：	三文鱼
菜式风格：	京 式
主要厨具：	煎锅或烤板、手铲、切刀、砧板、竹签、洁布

成品特点 此菜式造型巧妙，充分利用原料的自然特性，褐色斑斓，犹如生活烙印，附和沉着厚重，细腻柔韧的口感，咸鲜清香的口味，自然清新。这是一种中性美的设计风格。

原料

主料 三文鱼肉300g

调料 绿芦笋20g　黄酒20g　食盐5g　橄榄油30g
胡椒粉10g　面粉40g　胡椒盐5g　柠檬汁10g

相关知识

三文鱼

　　三文鱼学名鲑鱼，主要分布在太平洋北部及欧洲、亚洲、美洲的北部地区。鲑鱼体侧扁，背部隆起，齿尖锐，鳞片细小，银灰色，产卵期有橙色条纹。

　　人工驯化养殖鲑鱼肉质紧密鲜美，肉色为粉红色并具有弹性。鲑鱼以挪威产量最大，此外，三文鱼产自美国的阿拉斯加海域、英国的英格兰海域、智利、新西兰、瑞典等。

　　野生三文鱼是溯河产卵的鱼类，自然地迁移到淡水中，其他时候则在海洋中生活。人工驯化养殖三文鱼由河流里的三文鱼卵孵化，生长在海边养殖场，我国在地处寒冷区域的东北西北的库区和海湾有养殖。

制作步骤

1 刮掉绿芦笋坚硬粗老的外皮焯水冷却备用。三文鱼剔除骨骼，切成2厘米见方的长条。擦干净表面水分，加入柠檬汁、胡椒粉、黄酒、食盐、橄榄油，卷曲成鱼卷，用竹签穿插固定形态。

2 煎锅或烤板烧热，鱼卷表面均匀挂粘上一层面粉，拍均匀，避免鱼肉裸露。

3 将鱼卷侧面、上下面用橄榄油煎制成金黄色，散发出香气时取出。

4 鱼卷放入餐盘，撒上胡椒盐，配上绿芦笋和其他配菜即可。

牡丹花鱼清汤

菜品类型：	头 盘
烹调方法：	蒸 制
准备时间：	约40分钟
烹调时间：	约20分钟
原料品种：	鱼 肉
菜式风格：	京 式
主要厨具：	蒸锅、手勺、切刀、砧板、漏勺、粉碎机、保鲜膜、过滤筛、挤袋、花瓣嘴

成品特点　此菜品形体如花，造型栩栩如生，鱼肉颜色洁白，汤汁颜色清澈明亮，汤汁口味咸鲜清香醇厚，汤汁口感鲜美醇厚自然开胃，鱼的鲜味浓郁芬芳，口感细嫩爽滑。

制作步骤

1　选用经过一个昼夜排酸的鱼肉，清洗干净，切成小块，放在粉碎机里加入绍兴黄酒粉碎成蓉泥，添加枸杞浸泡好。

2　鱼肉蓉泥用鸡蛋清、鲜奶油、融化鱼胶粉、玉米淀粉、食盐均匀搅拌上浆处理，冷却10分钟。

3　挤袋放上花瓣嘴，装入鱼肉蓉泥。逐片裱成牡丹花瓣形，保鲜膜封闭后，保温蒸制定型、成熟，轻轻取出放入透明的玻璃汤杯中。

4　将经过沉淀的鱼清汤加热净化处理干净，调理好滋味，轻轻注入汤杯，点缀上红色鲜艳的枸杞。

原 料

主料	黑鱼肉500g
配料	枸杞50g
调料	鱼胶粉10g 玉米淀粉50g 绍兴黄酒50g

鸡蛋清50g　鲜奶油50g　食盐20g　鱼清汤2 000g

相关知识
剥洋葱皮式解决问题的方法
　　我们尝试着让产品更加整体化和简单化。当你开始着手解决一个问题时，你首先想到的解决方案是很复杂的，很多人止步于此。但是如果你继续探究，将它纳入到你的生活中，像剥洋葱皮一样，一层一层地剥去，你很可能找到一种简单解决问题的方案 。

红烧马鞍鳝

食物类型：主 菜
烹调方法：蒸 制
准备时间：约20分钟
烹调时间：约20分钟
原料品种：鳝 鱼
菜式风格：苏 式
主要厨具：蒸锅、煮锅、炒锅、手勺、刮刀、切刀、砧板、洁布

成品特点 此菜式过桥的形体，丰满圆润变通，鱼肉清鲜。酱色、酱香、肉的香浓，相互融合渗透，味道绵长而深厚、鲜香，回味酸甜，凝重含蓄，在味觉上给人以想象力和感染力。

原 料

主料 鳝鱼600g

配料 大蒜100g 五花肉100g

调料 酱油30g 黄酒50g 胡椒粉10g 香醋40g
葱段30g 姜片30g 食盐10g 白糖20g 淀粉20g
花生油1 000g

相关知识

马鞍鳝的加工

1.整条鳝鱼宰杀后迅速放净血液。

2.整条焯水清理外表黏液，切成段，将内脏用竹筷子捅出并清洗干净。

制作步骤

1 鳝鱼宰杀后经过泡烫处理，清除黏液血污。

2 切成段后，在背上将脊骨切断剜上马鞍桥形。

3 焯水后擦尽水分炸至定型、控油。

4 整粒大蒜用花生油煎成金黄色，放入五花肉、葱段、姜片煸炒爆香，烹入黄酒，加入酱油、胡椒粉、白糖、香醋烧制5分钟，调制成烧汁。

5 将鳝鱼整齐摆放在碗中，上面放上五花肉，加入烧汁、葱段、姜片，封上保鲜膜，蒸制20分钟。

6 汤汁过滤澄清调理好口味，用淀粉勾芡增稠，鳝鱼肉扣在盘子里，浇上酱汁，围上大蒜即可。

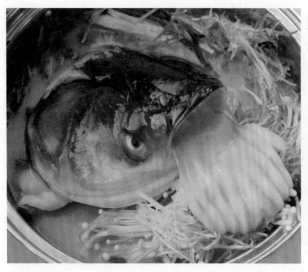

浓汤炖鱼头

菜品类型：	主　菜
烹调方法：	炖　煮
准备时间：	约20分钟
烹调时间：	约20分钟
原料品种：	胖头鱼
菜式风格：	京　式
主要厨具：	煮锅、手勺、切刀、砧板、刮刀

成品特点 此菜式鱼体形态完整丰满，清洁美观，雍容大气，汤汁颜色洁白黏稠香滑，口味咸鲜清香醇厚，自然天成，鱼汤煮制恰到好处。

制作步骤

1 茶树菇、金针菇和蒿子秆需要摘洗整理干净，控净水分，生姜切成片状，大葱切成马耳状。

2 新鲜胖头鱼整体泡烫后冷却刮净黑色的皮膜和黏液，摘洗鱼鳃和颚骨，清洗干净，从鱼头内侧将鱼头骨骼劈开，除掉坚硬的脊椎骨和鱼鳍。

3 用花生油将大葱、生姜爆香后放入鱼头，注入鱼骨熬制的鱼浓汤，数量以淹没鱼头为佳，加入黄酒、白胡椒粉、食盐，调理好口味，汤中放入姜片和枸杞。

4 将鱼浓汤烧开后，调制小火加盖慢火炖煮15分钟，再放入洗净的茶树菇、金针菇和蒿子秆，小火炖煮3分钟。

原　料

主　料	胖头鱼1 000g
配　料	枸杞10g 茶树菇50g 金针菇200g 蒿子秆300g
调　料	黄酒5g 食盐5g 白胡椒粉10g 鱼浓汤1 000g 生姜50g 大葱50g 花生油30g

鱼头加工须知　相关知识

1.清代《随园食单》洗刷须知：洗刷之法，燕窝去毛，海参去泥，鱼翅去沙，鹿筋去臊。肉有筋瓣，剔之则酥；鸭有肾臊，削之则净；鱼胆破，而全盘皆苦；鳗涎存，而满碗多腥。

2.鱼头加工需要精细、精致、精准，七分加工三分烹调。

3.新鲜鱼头看似晶莹光滑，实际暗藏险恶，容易藏污纳垢，因此，鱼头经过刮鳞、摘除内脏、挖去鱼鳃、清理血污的基础加工之后，才会进入低温泡烫、冷却刮净黏液、刮净黑色皮膜，清理颚肉，净化鱼腹腔皮膜漂清的精细加工阶段。

4.鱼腥之味并非鱼体侧线所为，罪魁祸首多是鱼体外表黑色皮膜所致。"若要鱼好吃，洗得白筋出"。

椒盐炸脆鳝

食物类型:	头 盘
烹调方法:	炸 制
准备时间:	约20分钟
烹调时间:	约15分钟
原料品种:	鳝 鱼
菜式风格:	苏 式
主要厨具:	炸锅、炒锅、手勺、刮刀、切刀、砧板、洁布

成品特点 菜式造型空间感强烈，视觉冲击强烈，相互交织，色泽金黄，口味咸鲜清香，层次分明，口感酥脆交相复杂，余味绵延。

原 料

主料 鳝鱼丝200g

调料 玉米淀粉30g 葱姜汁30g 花生油1000g
花生油1000g 花椒盐30g 酱油20g 胡椒粉5g
花椒盐10g 白糖20g 黄酒50g

相关知识

戒耳餐

　　清代袁枚在《随园食单》中论及饮食的"戒耳餐""戒目食""戒纵酒""戒强让""戒落套"之五戒，也值得今日借鉴。

　　所谓"戒耳餐"，就是反对饮食者贪图虚名的态度，而倡导务实的思想。耳餐是以耳进餐，非口进餐，不是根据食物本身的滋味，营养，而是根据食物的名气，贵贱等满足大吃大喝，铺张浪费，以满足饮食消费的虚荣心。

制作步骤

1 将烫杀处理的鳝鱼肉切成8～15厘米的细长丝条状，焯水清洗冷却，除掉黏液和腥味，控净水分，擦净水分。

2 鳝鱼肉丝用黄酒、葱姜汁、胡椒粉、白糖、酱油、食盐腌渍后，均匀滚粘玉米淀粉。

3 待炸锅内的花生油加热至五六成热度油温时，放入滚粘玉米淀粉的鳝鱼丝，炸至成熟、酥脆、定型，控净油汁，在餐盘中架空摆放成山峰形状，撒上花椒盐即可。

冬瓜醋鱼卷

菜品类型：	主 菜
烹调方法：	软 熘
准备时间：	约30分钟
烹调时间：	约20分钟
原料品种：	草 鱼
菜式风格：	京 式
主要厨具：	蒸锅、炒锅、手勺、切刀、砧板、保鲜膜、洁布、手铲、竹签

成品特点 此菜式设计简约巧妙，将冬瓜和鱼片组合为一个整体，整体造型简捷，酱汁色泽明亮像玛瑙，酸甜咸鲜清香的味感，柔软光滑鲜嫩的口感，组合得完美无缺。传统味道，时尚创意。

制作步骤

1 菜心焯水冷水浸泡后备用，将冬瓜片成厚度为0.3厘米长方片，焯水后冷却，擦净表面水分。草鱼肉块片成厚度为0.3厘米的长方形鱼片，鱼肉片擦净水分用黄酒、葱姜汁、白胡椒粉、食盐、蛋清、玉米淀粉等腌渍上浆10分钟。

2 冬瓜片上放鱼肉片铺平展开，卷裹成圆筒状，用竹签固定形体。

3 将冬瓜鱼卷封上保鲜膜，放入蒸锅中加热8分钟，成熟后及时取出、滤去汁液，摆放在餐盘中。

4 炒锅放入花生油，烹入黄酒、米醋，加入白砂糖和清水，调理好颜色口味，放入用水调和的玉米淀粉勾芡，调制成透明的玻璃芡。

5 将黄油、米醋、白砂糖、清水、玉米淀粉调和成的调味酱汁浇淋在冬瓜鱼卷上和餐盘中，摆上菜心点缀，并浇上由黄油、葱姜汁、食盐、玉米淀粉组成的芡汁。

原 料

主料 草鱼肉200g

配料 菜心50g 冬瓜200g

调料 黄酒50g 米醋50g 白砂糖30g 蛋清30g 葱姜汁40g 玉米淀粉50g 白胡椒粉10g 食盐5g 花生油30g

相关知识

物理味觉

由食物中具有物理性质的呈味物质，通过刺激作用于唇部、口腔壁、咽喉、食道部位触觉感应器官中的神经细胞所引起的感知觉叫物理味觉。

物理味觉感觉到的具体味知觉有软硬、滑涩、冷热、稀稠、松糯、脆嫩、干湿等。感受到的是食物中的"滋"，习惯上称之为"口感"。

物理味觉主要感受的是物理性质呈味物质的温度感、质地感、稠度感、灼痛感、湿润感等。

红烧鱼尾

菜品类型：	主 菜
烹调方法：	烧 制
准备时间：	约20分钟
烹调时间：	约20分钟
原料品种：	草 鱼
菜式风格：	沪 式
主要厨具：	炒锅、漏勺、手勺、切刀、砧板、洁布

成品特点 此菜式刀功造型完整，口味咸鲜清香，色泽红润，酱汁黏稠，鱼肉黏滑柔软，是一道可以体现简朴节约的生活传统经典菜式。

  原 料

主料	草鱼尾300g
调料	黄酒20g　白砂糖50g　米醋30g　葱段30g
	姜片20g　大蒜10g　食盐10g　花生油50g　姜汁10g
	香油5g　胡椒粉3g　酱油10g

相关知识

上海本帮菜中的鱼

20世纪初，上海汇聚了苏、锡、宁、徽等多个地方风味，那时，上海人习惯称谓苏帮菜、徽帮菜、扬帮菜、粤帮菜、京帮菜，而习惯将本地风味称为本帮菜，将运河流域风味叫作上河帮、下河帮，此外还有大河帮、小河帮的菜系划分。吃鱼讲  究选料鲜活，浓油赤酱，咸甜适中，清淡细腻。讲究鳊鱼头、草鱼尾（甩水）、鲤鱼划水（腹部）。上海融入了江浙地方饮食传统，江浙自古便是鱼米之乡，食淡水鱼是生活的传统，是勤俭生活的写照，还有机敏灵活力量的文化之意。

制作步骤

1 草鱼尾柄切成回纹花刀，尾尖相连，打开成扇面形。

2 尾肉用黄酒、胡椒粉、葱段、姜汁腌渍10分钟。沾干表面水分的鱼尾拍上干玉米淀粉。

3 在炒锅内将花生油加热，然后再将沾干表面水分的鱼尾整条放入炒锅内两面煎至定型、上色。

4 将葱段、姜汁、大蒜煸炒增香，烹入黄酒，加入酱油、米醋、白砂糖、胡椒粉、食盐和少量清水。

5 轻轻放入煎好的鱼尾，加盖烧制10分钟，大火迅速收汁、增稠，淋入香油和米醋。

糖醋脆鳝

菜品类型：主　菜	
烹调方法：炸　熘	
准备时间：约20分钟	
烹调时间：约15分钟	
原料品种：鳝　鱼	
菜式风格：苏　式	
主要厨具：炸锅、炒锅、手勺、刮刀、切刀、砧板、洁布	

成品特点 此菜式造型如山峰挺拔屹立，如树木盘根错节，色泽红润光亮，口味咸鲜清香酸甜并重，口感酥脆柔韧，酱汁是菜肴灵魂，赋予原料新的生命。

制作步骤

1　烫杀处理的鳝鱼肉切成8～15厘米的细长丝条状，焯水清洗冷却，除掉黏液和腥味，控净水分，擦净水分。

2　鳝鱼肉丝用黄酒、姜汁、食盐腌制后，均匀滚粘玉米淀粉，用五六成热度花生油炸至成熟、酥脆、定型，控净油汁，在餐盘中架空摆放成山峰形状。

3　用适量的花生油将部分葱姜丝炒香，烹入黄酒，加入酱油、米醋、胡椒粉、白糖、清水等，混合均匀调和制成咸鲜酸甜荔枝味型的复合调酱汁。

4　将调制好的酱汁浇淋在鱼丝上进行必要的点缀装饰。

原　料

主　料　鳝鱼200g

调　料　米醋30g　玉米淀粉30g　葱姜丝30g
黄酒50g　食盐10g　白糖30g　酱油30g
花生油1 000g　胡椒粉5g

相关知识

先天须知

　　清代袁枚在《随园食单》中的先天须知中说道：凡物各有先天，如人各有资禀。食材就像人一样个性不同，先天愚人，即使孔子孟子教之也没有作为。先天个性不良的原料食材，即使让易牙烹调也是不会有好的味道的。

枫糖烤鲭鱼卷

菜品类型：	主 菜
烹调方法：	烤 制
准备时间：	约10分钟
烹调时间：	约25分钟
原料品种：	鲭 鱼
菜式风格：	京 式
主要厨具：	烤箱、煎盘、切刀、刷子、手铲

成品特点 此菜式酱汁红润鲜艳明亮庄重，选料朴实，造型美观，形态丰满，主料突出，口感柔软细嫩，口味甜咸浓香，梦幻般的泡沫酱汁增添了菜式的朦胧诗意。枫糖特有的树木清香是这道菜的灵魂。

原料

主料	鲭鱼200g
配料	青橄榄30g
调料	黄酒20g 枫糖5g 姜汁10g 食盐5g

胡椒粉5g 玉桂粉5g 麦芽糖10g 花生油20g

面粉30g

相关知识

枫糖浆

　　全世界70%的枫糖制品集中在魁北克。枫糖浆香甜如蜜，风味独特。枫糖含有丰富的矿物质、有机酸，热量比蔗糖、果糖、玉米糖等都低，但是它所含的钙、镁和有机酸成分却比其他糖类高很多，能补充营养不均衡的虚弱体质。枫糖的甜度没有蜂蜜高，糖分含量约为66%（蜂蜜含糖量为79%～81%，砂糖高达99.4%）。在烧烤中能够形成特殊的风味。

制作步骤

1 鲭鱼刮洗干净，除去骨骼。

2 剔除残留鱼刺，切成长10厘米、宽2厘米的长条块。

3 鱼块用食盐、黄酒、姜汁、胡椒粉腌制后沾干表面水分。

4 串成如意卷，粘上面粉放入煎盘煎至定型成熟。

5 刷上枫糖麦芽糖、玉桂粉，在180℃温度下烤5～8分钟。

6 取出鱼卷再次刷一层枫糖，盛放在餐盘中，点缀装饰即可。

响油鳝糊

菜品类型：	主 菜
烹调方法：	炒 制
准备时间：	约30分钟
烹调时间：	约10分钟
原料品种：	黄 鳝
菜式风格：	苏 式
主要厨具：	炒锅、煮锅、手勺、刮刀、切刀、砧板、竹篦子、纱布、竹刀、漏勺

成品特点 此菜式传成苏派菜式风格，色泽深沉红润光亮凝重，口感细腻光滑柔软，口味咸鲜醇厚，蒜香浓郁。响油的声音寓意为热烈。中国菜不仅有美妙的味道，其中还有声有色。

制作步骤

1. 香菜洗净，摘尖留用，大蒜拍切成蒜碎。

2. 鳝鱼段开水汆制焯水，清洗干净控净水分。

3. 炒锅放花生油，煸炒葱末、姜末至香味爆发，倒入鳝鱼，烹入黄酒、酱油，放食盐、白糖、胡椒粉、香醋，小火烧5分钟左右。

4. 汤汁用调三线勾芡增稠。

5. 鳝鱼堆积盛放在盘中间，顶部放上蒜蓉，再将香油、花生油混合烧热，浇在蒜末上，激发出香气，点缀香菜叶即可。

原料

主料 黄鳝300g

调料 黄酒100g 食盐10g 白糖20g 花生油50g 酱油10g 大蒜20g 香醋10g 大葱10g 香油10g 胡椒粉10g 生姜10g

相关知识

汆烫鳝鱼

1.将活鳝鱼用豆包布包裹住放入水锅内，加入食盐、白醋、黄酒、葱、姜等，盖上盖，慢慢烧开，待鳝鱼肉质凝固成熟时捞出，迅速冷却冲凉。

2.用竹刀或竹签从鳝鱼腹部侧面将鳝鱼腹部与脊背划开，剔除脊骨，将鳝鱼净肉切成5～6厘米的段。

黄芥末酱扒三文鱼

| 菜品类型：主 菜 |
| 烹调方法：扒 制 |
| 准备时间：约20分钟 |
| 烹调时间：约40分钟 |
| 原料品种：三文鱼 |
| 菜式风格：京 式 |
| 主要厨具：蒸锅、手铲、手勺、切刀、砧板、保鲜膜 |

成品特点 此菜式相互交织，相互融合，朦胧的泡沫下面浮现出黄色的酱汁，清淡咸鲜酸辣适口，化解了鱼肉潜在的油腻，柔软细腻，赋予口感新意，蒸制方法自然，毫无矫揉造作。

原料

主 料 三文鱼300g

调料 黄芥末20g 橄榄油20g 食盐5g 黄酒20g

姜汁10g 玉米淀粉10g 鲜柠檬10g 蛋黄酱30g

制作步骤

1 三文鱼肉切成厚度为1厘米的长方片。涂抹食盐、黄酒、姜玉米淀粉调料，腌制调味。

2 鱼肉相互交叉摆成方形鱼块，用保鲜膜定型包裹住鱼肉。

3 低温慢火蒸制20分钟。

4 黄芥末酱中加入橄榄油、柠檬汁、沙拉酱、食盐，调理成咸鲜香酸微辣的黄色酱汁。

5 酱汁铺在盘中，上面放上鱼块，酱汁再浇淋在鱼块上，点缀香菜叶和用大豆卵磷脂与洁净水搅打膨起装饰即可。

相关知识

三文鱼肉耐冷不耐热

三文鱼肉通常在70℃以上的温度下，有益脂肪酸就会被破坏，所以长时间高温烹饪，三文鱼中的维生素会变得荡然无存。热食三文鱼最好采取快速烹饪的办法或低温慢煮的方法，使用表面煎制处理将汁液固化封锁住，切不可油炸，加热到三成至七成熟时就可以食用，其中在五成熟的时候口感和滋味都比较到位，也别有一番风味。

石头烤鲟鱼

菜品类型：	主　菜
烹调方法：	蒸烤组合
准备时间：	约20分钟
烹调时间：	约20分钟
原料品种：	鲟　鱼
菜式风格：	京　式
主要厨具：	带盖木桶、鹅卵石、漏勺、手铲、切刀、砧板、刮刀、剪刀

成品特点 此菜式烹调与盛器合二为一，蒸焖烧烤一体，鱼肉色泽洁白光亮，用炙热的耐火的鹅卵石蒸腾出远古时代的气息，口味咸鲜浓香，口感细嫩柔韧，彰显出鲟鱼的精品味道。

制作步骤

1 宰杀后的鲟鱼经过泡烫处理刮洗整理干净。

2 鱼肉切成磨刀片，用葱姜汁、鸡蛋清、玉米淀粉调制的上浆。

3 鹅卵石清洗干净烧热后放入木桶底部，上面放洋葱丝，再摆上鱼片。

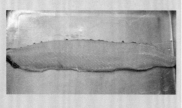

4 浇淋上花生油，烹入黄酒、酱油、食盐、白胡椒粉、香醋，盖上盖密封蒸制8分钟，热度降低开盖即可。

🧺 原 料

主 料　　鲟鱼500g

调 料　　黄酒30g　酱油20g　白胡椒粉10g　食盐10g　洋葱100g　花生油30g　香醋30g　葱姜汁30g　玉米淀粉50g　鸡蛋清50g

相关知识

美食更需要美器

自古以来就有美食不如器具之说。煎炒的菜式审议盘子盛装，汤羹类的食物适宜用碗盛装，煎炒适宜用铁锅烹调，煨煮适宜用砂锅罐装。

红烧鲟鱼骨

菜品类型：主 菜

烹调方法：焖 烧

准备时间：约20分钟

烹调时间：约20分钟

原料品种：鲟鱼骨

菜式风格：京 式

主要厨具：高压锅、漏勺、炒锅、手勺、切刀、砧板、刮刀、滤网、纱布

成品特点

此菜式因鲟鱼而独特神秘，晶莹剔透淡黄色鱼骨，有一种软中带脆、劲道十足的神奇感觉。

原料

| 主料 | 鲟鱼鼻骨500g |

| 调料 | 黄酒50g 姜汁20g 绿豆淀粉10g 食盐5g |

胡椒粉10g 酱油30g 米醋50g 葱段30g 姜片20g
花生油30g 白糖20g

相关知识

鲟鱼

　　鲟鱼是世界上现有鱼类中体形大、寿命长、最古老的一种鱼类，迄今已有2亿多年的历史，数种常见个体都在几十千克至数百千克，欧洲鳇最大个体1 600千克。

　　鲟鱼对水质要求比较严格，喜生活于流水、溶氧含量较高，水温偏低，底质为砾石的水环境中，人工养殖方式主要有工厂化循环水养殖、池塘养殖、网箱养殖等。

　　鲟鱼经济价值很高，1998年，鲟鱼肉在国际上售价为60美元/千克，鱼子300美元/千克，鱼子酱高达700美元/千克，鲟鱼全身都是宝，利用率极高，除鲟鱼肉外，其鱼肚、鱼鼻、鱼筋、鱼骨等都能做出独具风格的中国名菜，均为上等佳肴。

制作步骤

1　选用大小一致的鲟鱼鼻骨。

2　焯水刮洗干净，控净水分。

3　炒锅放入花生油，将葱段、姜片煸炒出香味，烹入黄酒、米醋、酱油，加入白糖、食盐、胡椒粉、鱼鼻骨，加水淹没后，放入高压锅中加压焖烧10分钟。

4　烧鱼骨汁过滤澄清，放入炒锅内，二次调理好颜色、口味，使用调三鲜绿豆勾芡。

5　将鱼鼻骨摆放在餐盘中，浇淋酱汁即可。

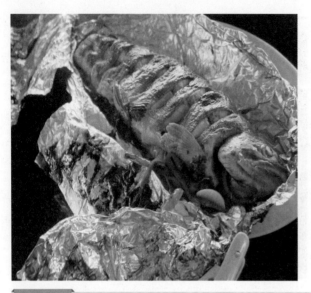

纸包烤鳟鱼

菜品类型：	头　盘
烹调方法：	烤　制
准备时间：	约10分钟
烹调时间：	约8分钟
原料品种：	虹鳟鱼
菜式风格：	京　式
主要厨具：	铁锅、锡纸、手铲、切刀、砧板、刷子、食盐

成品特点

此菜式神秘梦幻，虹鳟鱼肉质细嫩，口味咸鲜清香，回味香滑细腻，酒香幽雅悠长。

制作步骤

1 把新鲜的虹鳟鱼肉剔除骨骼，将肉切成磨刀片，用葱姜汁、紫苏、白葡萄酒、白胡椒粉、玉米淀粉、鸡蛋清腌制上浆，之后撒上橄榄油拌制均匀。

2 将鱼片和苏子叶摊平，用锡纸包成小方包，压紧封口。

3 加热铁锅中的食盐，将纸包埋在热盐里，利用食盐良好的储热性能，将鱼肉烤制成熟。

原料

主料	虹鳟鱼肉200g
配料	苏子叶30g
调料	白葡萄酒10g　白胡椒粉5g　玉米淀粉20g

鸡蛋清30g　玉米淀粉50g　葱姜汁20g　橄榄油20g

相关知识

盐焗

　　盐焗是指将加工腌渍入味的原料用荷叶纱纸等包裹，埋入烤热的晶体粗食盐中，利用食盐导热的特性，对原料进行加热成菜的技法。其主要用于盐烤河鳗、盐焗明虾、盐焗鸡、盐焗蟹的制作。加热时间以原料成熟为准，一般不宜过长，从而保持原料的质感和鲜味。用锡纸包裹加热，可以使原料中的水分有一定程度的散发，这也起到浓缩原料鲜味的效果。焗是广东方言中的一个多义词，指烤或锁住香气。东江盐焗鸡是久负盛名的粤菜典范。

【虾类】

香吉利脆虾球

菜品类型：	副 菜
烹调方法：	炸 制
准备时间：	约20分钟
烹调时间：	约5分钟
原料品种：	虾 肉
菜式风格：	京 式

主要厨具：炸锅、手勺、切刀、砧板、漏勺、竹筷子、粉碎机、吸油纸

成品特点 作品中虾球圆润饱满膨胀，面包金色灿烂，虾肉质感脆嫩，清香浓郁而富有弹性，外部面包酥脆。

原 料

主 料 虾肉200g 咸面包10g

配 料 烤清酥40g

调 料 黄酒30g 姜汁10g 鸡蛋80g 食盐5g
玉米淀粉50g 白胡椒粉10g 鲜奶油20g
花生油500g

制作步骤

1 选用新鲜咸面包，片去硬皮切成0.4厘米的小方粒，整齐一致。

2 新鲜虾肉剔除筋膜和外皮，加入黄酒、姜汁、白胡椒粉、食盐、玉米淀粉、鸡蛋清和鲜奶油粉碎成蓉泥状，放入到冷却环境中静置10分钟。

3 虾肉泥搅拌上劲，团制成核桃大小的圆球状，肉球表面先滚粘一层玉米淀粉再粘挂一层鸡蛋清，均匀镶嵌上咸面包粒。

4 经过着衣处理的虾球，轻轻放入到五六成热度的花生油（150℃左右的油温）中炸至定型，待肉质成熟、散发香气、面包色泽金黄、口感发脆，取出控净油脂，用吸油纸吸取多余的油脂。

5 将虾球平稳放在烤好的烤清酥托上面。

相关知识

食用油传热特点

油的比热容大，发烟点高，一般均在200℃左右，可以储存大量的能量，使原料很快成熟。通常情况下，物体之间的传热量与物体之间的温度差成正比，对于烹饪原料，可认为其温度是恒定的，因此，传热介质的温度越高，单位内原料吸收的热量就越大，原料就越容易成熟。长时间高温油炸、脱水会使碳水化合物形成丙烯酰胺有害物质，以及对糖尿病人有害的终末糖基化产物，所以出现了低温烹调、精确烹调、精准烹调。市场中有冷用油（奶油、橄榄、核桃、芝麻）和热用油（花生、大豆、菜籽油），动物性质的习惯叫"脂"，植物性质的习惯叫"油"。

菜心炒虾球

菜品类型：	头 盘
烹调方法：	熟 炒
准备时间：	30分钟
烹调时间：	约10分钟
原料品种：	海 虾
菜式风格：	京 式
主要厨具：	炒锅　煮锅、手勺、漏勺、切刀、小手刀、砧板、洁布、粉碎机

成品特点　此菜式虾肉形态圆润饱满，虾肉口感极度质脆嫩滑，与新鲜嫩绿的油菜组合，相辅相成，鲜嫩爽脆，耐人寻味。

制作步骤

1 用刀刃将海虎虾仁外表黑膜轻轻刮掉，清洗干净。

2 从脊部下刀腹部相连片开虾肉去掉脊部黑线，用粉碎机加工成蓉泥。

3 虾肉用姜汁、白胡椒粉、蛋清、食盐、黄酒、玉米粒粉调制的蛋清粉浆上浆处理，冷却10分钟。

4 油菜留取根部叶脉，修整成玫瑰花形，焯水后冷却存放。枸杞浸泡好。

5 煮锅放清水加热到产生虾眼大小的气泡时，将虾肉团成球状放入余热，凝固定型，及时捞起控净水分。

6 炒锅放入少量花生油，烹入黄酒，加入食盐调理好滋味，调味汁使用玉米勾芡增稠打黏，加入菜心和虾球滚动包裹住之中点缀红色枸杞，整齐摆放盘中。

原 料

主 料	海虎虾仁300g
配 料	油菜心500g　枸 杞20g
调 料	黄酒30g　花生油50g　姜汁20g　玉米淀粉20g

蛋清50g　白胡椒10g　食盐10g

相关知识

熟炒

　将原料加工成型，经过水煮、烧、蒸、炸热处理成半熟或全熟，再改刀成片、丝、丁、条等形状或直接炒制。熟炒要求主料片、丝、丁要稍厚粗大一些。切成后，再放入热油锅中煸炒，熟炒的调料多用甜面酱、黄酱、酱豆腐、豆瓣辣酱等。调味品及少量汤汁依序加入锅中，颠翻炒数次即成。熟炒的原料通常是不上浆挂糊处理的，可勾芡，也可不勾芡。

雪菜香脆虾

菜品类型：	头 盘
烹调方法：	炸 制
准备时间：	约10分钟
烹调时间：	约5分钟
原料品种：	海 虾
菜式风格：	京 式
主要厨具：	炸锅、手勺、漏勺、切刀、砧板、布沾、吸油纸

成品特点 此菜式借鉴了干烧冬笋的传统做法，鲜虾形体完整，外皮红润酥脆，虾肉鲜嫩，雪菜干香酥脆，色彩碧绿，菜式设计简约自然，原料层次分明，没有多余的人工雕琢痕迹。

原 料

主料	带皮中虾300g
配料	腌雪里蕻叶20g
调料	黄酒10g 姜汁2g 白胡椒粉5g 花椒盐5g

花生油300g

制作步骤

1 带皮中虾洗净，剪掉虾须，背脊剪开，挑去背后的黑线，整理好后加入姜汁、白胡椒粉、黄酒腌制15分钟。

2 选用墨绿色的腌雪里蕻叶子，切成寸段，浸泡去除盐分，挤干水分，放入花生油中热炸至干脆墨绿色，用吸油纸吸油。

3 用洁布将中虾外表水分沾干，直接炸至干酥香脆。

4 将炸虾盛放在餐盘中，撒上腌雪里蕻叶子，配合花椒盐即可调理口味。

相关知识

清炸

　　清炸选用新鲜质嫩、无异味的原料，使用无色的调料腌制基础调味，口味清淡适宜，用洁布沾干表面水分，直接放入热油中炸至成熟、上色、定型、芳香、酥脆。

　　清炸特点主要体现在"清"字，一是原色，二是原味，三是原料表层清洁，没有浆糊粉层，四是口味清淡、干爽酥脆、菜肴外脆而内嫩、呈自然本色，五是原料主次分明。

宫保凤尾虾球

菜品类型：	主　菜
烹调方法：	熟　炒
准备时间：	约20分钟
烹调时间：	约10分钟
原料品种：	带皮中虾
菜式风格：	川　式
主要厨具：	炒锅、手勺、漏勺、砧板、切刀、过滤筛、吸油纸

成品特点　此菜盛装设计新颖，成品口味呈荔枝味，香辣浓郁、咸鲜适中，微甜酸，虾肉柔软滑嫩，花生米酥脆香浓，颜色棕红，有少量红色油脂渗出，汁芡紧密。

制作步骤

1　先将花生米使用开水浸泡至表皮发皱之后，及时剥去外皮，晾干水分，放到温油中炸制酥脆呈金黄色，之后滤去油脂，使用吸油纸吸去油脂，摊开冷却致酥脆备用。

2　带皮中虾去掉虾壳保留尾鳍，将脊部剖开去掉黑线，从腹部切断虾筋，加工成凤尾形，虾肉修整均匀。

3　虾肉腌制上浆处理，将修整好的虾肉中加入酱油、黄酒、食盐、湿淀粉、胡椒粉、姜汁等调料腌制搅拌均匀，封闭之后，放入冷却环境静置待用。

4　用酱油、花生酱、黄酒、米醋、食盐、白糖、湿淀粉等调料充分混合，调制成咸鲜甜酸清香、颜色呈褐红色的复合味型芡汁。

5　锅中花生油烧至加热达到四五成热度，轻轻放入虾肉迅速划散滑熟，倒入漏勺中沥去油脂。

6　炒锅油烧至四五成热度，先放入干花椒炸制出香味透出，颜色发黑时捞出，再放干辣椒煸炒成金黄酥脆的煳辣子透出，下入蒜片、葱花、滑熟的虾肉、细辣椒粉一同煸炒至香，烹入复合芡汁，迅速煸炒融合。

7　虾肉堆积盛入盘中，撒上酥脆芳香的花生米即可。

原料

主料　带皮中虾200g

配料　去皮花生米30g

调料　干辣椒20g　花椒10g　细辣椒粉10g
花生酱10g　白糖20g　姜汁10g　米醋20g　黄酒20g
绿豆淀粉30g　食盐5g　葱花20g　蒜片10g　花生油500g

相关知识

过油热处理的作用

1.能够迅速使原料凝固定型。

2.快速锁住水分，形成菜品不同的质感。

3.高温使原料香气释放，使原料散发出芳香的气味。

4.赋予菜品丰富原料的色泽。

罗汉大虾

| 菜品类型：主 菜 |
| 烹调方法：蒸 熘 |
| 准备时间：约20分钟 |
| 烹调时间：约10分钟 |
| 原料品种：虾 肉 |
| 菜式风格：京 式 |
| 主要厨具：蒸锅、炒锅、手勺、切刀、砧板、保鲜膜、粉碎机 |

成品特点 此菜式盛装造型错落有致，层次分明，口味咸鲜清香，虾肉形态完整饱满美观，肉质洁白细嫩光滑。

原 料

主 料	凤尾虾200g
配 料	虾仁200g
调 料	白葡萄酒50g 食盐10g 白胡椒粉10g 姜汁50g

奶油30g 玉米淀粉50g 花生油30g 番茄沙司50g

蛋清50g 柠檬皮丝5g 白砂糖5g 李派林汁5g 白米醋5g

相关知识

低温烹调

　　低温烹调不仅环保绿色，还对保持糖尿病患者的健康有好处。

　　长时间高温烹调，可能会加速食物中的糖分、脂肪和蛋白质等发生反应，生成更多的终末糖基化产物。这种物质会刺激人体细胞产生特定蛋白质，使免疫系统长期处于炎症状态，并会损伤血管。糖尿病患者常见的多种并发症，与终末糖基化产物过多有关。高湿度、短时间的低温烹调，比如说蒸或煮，也许可以有效降低食物中终末糖基化产物的含量。

制作步骤

1 整个凤尾虾留尾去皮，从脊部片开选修整理加工成琵琶形，使用白葡萄酒、姜汁、胡椒粉一起搅拌均匀。

2 虾仁清洗干净加入姜汁、蛋清、玉米淀粉、奶油、食盐，用粉碎机搅拌成溶胶状，封闭之后放入冷却环境中存放10分钟。

3 炒锅放花生油煸炒柠檬丝，烹入白葡萄酒，加入清水、白砂糖、食盐、番茄沙司、李派林汁、白米醋、玉米淀粉等，使用中小火力熬制融合，调理成鲜艳美丽红色、醋甜咸香的复合味型调味汁。

4 琵琶虾肉块表层均匀粘挂细腻的干玉米淀粉，将虾溶胶抹成突起的圆形。

5 保鲜膜封闭放入蒸锅蒸制加热5分钟，直到肉质完全成熟，浇上透明芡汁。

6 餐盘点缀上红色番茄沙司，迅速摆放大虾，点缀上其他装饰即可。

烤凤尾虾球

菜品类型：头　盘
烹调方法：烤　制
准备时间：约20分钟
烹调时间：约10分钟
原料品种：虾仁肉
菜式风格：京　式
主要厨具：烤箱、手铲、切刀、砧板、洁布、搅拌器

成品特点 此菜式以其挺拔的空间造型，形成强烈的艺术美感，酥脆的口感，芳香的口味，金黄的色泽，简捷的形态，使菜式整体得到升华。

制作步骤

1 虾仁肉挑出黑色的虾肠线，清洗干净控净水分。

2 虾仁肉与蛋清、玉米淀粉、姜汁、黄酒、鲜奶油搅拌粉碎成蓉泥，加入食盐，搅拌上劲，加入荸荠碎上浆处理10分钟。

3 中虾尾修整干净。

4 虾仁肉挤成直径3~4厘米的圆球形，先粘上一层玉米淀粉，再滚粘上鸡蛋清，然后挂粘上面包糠。按压表层，粘贴紧密。

5 将中虾尾也粘上面包糠。

6 放入150℃的烤箱烤制8分钟。

原料

主料	大虾仁100g
配料	中虾尾40g 荸荠碎20g
调料	面包糠30g 黄酒30g 姜汁10g 玉米淀粉20g

蛋清50g 白胡椒10g 食盐5g 鲜奶油30g

相关知识

分子厨艺的演绎

21世纪初，分子厨艺在全球引发狂热，如今似乎已渐趋冷却。分子厨艺像一种在人们视觉、味觉、舌尖上的表演艺术。它具有奇特、另类、疯狂、叛逆的一面，也有精准、概念、冷烹调的烹饪技术。

玄虚的味觉，夸张的幕后台前操纵，分子厨艺擅长应用食品添加剂，但随着人们对回归自然健康饮食的渴望，似乎所有添加剂都成了洪水猛兽，成为公敌。

分子厨艺不再是独门绝技，低温慢煮技术、冷烹调技术、装饰物的制作应用，值得借鉴、共享和应用。

芒果蛋鲜虾面

菜品类型：	头 盘
烹调方法：	煮 制
准备时间：	约20分钟
烹调时间：	约10分钟
原料品种：	虾 肉
菜式风格：	京 式
主要厨具：	煮锅、粉碎机、手勺、切刀、砧板、漏勺、搅拌器、挤袋

成品特点 此菜式的造型设计充分表现了空间感和时代感，采用面饰、泡沫和芒果胶的综合立体装饰方法，淡红的鲜嫩虾面与口味甜酸清香滑嫩的芒果胶味道相合，在一个狭小的空间里营造一个宇宙。

原 料

主料	鲜虾肉600g
配料	芒果蛋黄20g 磷脂泡沫30g 面饰30g
调料	白葡萄酒50g 蛋清50g 食盐10g

白胡椒粉10g 姜汁30g 白米醋20g

相关知识

面饰制作原料

面饰是制作简单、快速、经济、实用、形状多样，有食用价值、营养价值、装饰价值的小面食。制作面饰装饰物原料，主要有苏打面（面粉、鸡蛋、小苏打、花生油、食盐、清水）和清酥面（面粉、黄油、食盐）。

制作步骤

1 鲜虾肉用清水浸泡漂洗干净，用干净的布把虾肉表面水分吸干，加入白葡萄酒、姜汁，用粉碎机搅拌成虾滑蓉泥。

2 虾蓉泥加入食盐、白胡椒粉、鸡蛋清、姜汁、白米醋充分拌匀，装入挤袋。80℃的煮锅中，挤成直径为0.2厘米的面条形状，团成球状，放在飞碟形餐盘里。

3 面条上轻轻放上芒果蛋黄，点缀上磷脂泡沫以及必要的面饰即可。

烤大虾烧卖

菜品类型：	头 盘
烹调方法：	烤 制
准备时间：	约10分钟
烹调时间：	约5分钟
原料品种：	虾 肉
菜式风格：	京 式
主要厨具：	明火烤炉、煎锅、手铲、切刀、砧板、刷子粉碎机、烤箱

成品特点 此菜品形体如雕塑一般，似盛开的花朵，色泽金黄，外皮口感酥脆芳香，内部咸鲜清香柔软脆嫩，少油少盐，原料选用简单实用。

制作步骤

1. 将虾肉、淡奶油、黄酒、姜汁、白胡椒粉放进粉碎机绞碎成蓉泥，加入拍碎的荸荠、鸡蛋清和玉米淀粉搅拌混合。
2. 酥面皮铺开，刷上黄油，放上虾溶胶，然后包裹成玫瑰花形烧卖，每个重50克，外部刷上黄油和鸡蛋混合液。
3. 放入150～180℃的烤箱里，烤制8～10分钟即可。
4. 盛放在餐盘中，配上必要点缀即可。

原 料

主 料 中虾虾肉350g

配 料 酥面皮150g

调 料 淡奶油40g 黄酒20g 姜汁20g 白胡椒粉15g
蛋清40g 黄油40g 鸡蛋30g

相关知识

封闭式烤制

初步加工、整形、调味、抹油的原料，放入相对封闭的烤箱中，利用高温热空气和油脂的导热作用，对原料进行加热至上色，并达到规定火候的烹调方法。

传热介质是空气和烤汁，传热形式是辐射、传导和对流组合。

温度范围一般在150～240℃之间。烤制原料时，一般先高温200～240℃，烤制10分钟左右，使原料表面结成硬壳，以防止原料内部水分流失过多，然后再根据原料的不同降温至150～180℃，直至达到所需的火候标准。质地鲜嫩、水分充足、易成熟的原料应采用高温220～240℃，封锁住表面，防止水分流失过多，使菜肴具有良好的风味，形成外焦里嫩的特点。

清炒翡翠虾片

菜品类型：副 菜
烹调方法：滑 熘（低温烹调）
准备时间：约20分钟
烹调时间：约10分钟
原料品种：大白虾肉
菜式风格：京 式
主要厨具：炒锅、手勺、切刀、砧板、漏勺、洁布、粉碎机

成品特点 此菜式整体布局错落有致，有疏有密，有空间感。虾片碧绿如翡翠，香咸清香自然口味，鲜嫩爽脆的肉质口感，使菜品生机盎然，而富有魅力。

原 料

主 料 白虾净肉500g 菠菜叶100g

调 料 黄酒50g 食盐10g 白胡椒粉10g 姜汁50g
蛋清30g 绿豆淀粉10g 花生油500g 叶绿素30g
玉米淀粉30g

相关知识

保持叶绿素的方法

从蔬菜中提取的叶绿素很不稳定，光、酸、氧、氧化剂等都会使其分解。酸性条件下，叶绿素分子很容易失去镁成为去镁叶绿素，色彩退化暗淡无光。

食碱可保持叶绿素的绿色鲜艳，这是因为叶绿素受碱作用，而分解成水溶性的叶绿酸，仍能保持鲜绿色。

用60～75℃的热水进行烫漂，使叶绿素水解酶失去活性，则可保持其鲜绿色。

用抽真空包装排除氧气，即使蔬菜经过高温处理，由于氧化的机会减少，仍能保持其鲜绿色。

制作步骤

1 将整只白虾肉脊部片开成凤尾片，选修整理加工清洗干净，用白胡椒粉、姜汁、黄酒搅拌均匀，封闭之后放入冷却环境之中腌制10分钟。

2 虾肉片擦干水用玉米淀粉、蛋清、菠菜叶粉碎成加热后提炼的绿色素（研磨至细）腌制上色上浆。

3 虾肉片低温经滑油处理成熟。

4 炒锅放入花生油，加入黄酒、食盐、白胡椒粉和水烧开，用绿豆淀粉勾芡增稠，温度降低至60℃，放入叶绿素调成绿色酱汁，放入虾肉片轻轻搅拌均匀。

5 迅速盛放在餐盘中，点缀装饰绿色酱汁。

雀巢奇妙脆虾球

菜品类型：	头 盘
烹调方法：	炸汆组合
准备时间：	约20分钟
烹调时间：	约10分钟
原料品种：	去皮带尾海虎虾
菜式风格：	京 式
主要厨具：	煮锅、炸锅、手勺、漏勺、切刀、砧板、吸油纸、洁布

成品特点 此菜式成品形态宛如蓬松的雀巢，色泽金黄，质感坚硬，口味鲜美细滑，虾肉口感脆嫩，味道层次分明，土豆丝口感蓬松、酥脆、芳香。

制作步骤

1. 去皮带尾海虎虾加工成凤尾虾，去掉尾尖硬壳，用刀刃将虾尾黑膜刮掉，清洗干净。

2. 从脊部下刀剖开虾肉去掉脊部黑线，切断腹部虾筋，将虾肉修整成大小均匀的琵琶形。

3. 土豆切成1毫米的细丝，用食盐调制析出部分水分，挤压或用洁布沾干水分，放入到150℃温油中炸至脱水、酥脆、金黄之后，使用吸油纸吸去油脂，摊开冷却酥脆备用。

4. 烹调前用黄酒、姜汁、食盐、玉米淀粉、蛋清、白胡椒粉组成的蛋白粉浆对虾肉腌制上浆处理。

5. 清水烧开之后，将虾肉速煮约3分钟，迅速取出，控净水分，用洁布沾干虾肉表面水分。

6. 虾肉周身涂抹沙拉酱，轻轻滚粘上土豆丝，团成蓬松的圆球状。

7. 点缀上草莓、紫生菜、藕片即可。

原 料

主料 海虎虾300g

配料 土豆200g 草莓20g 紫生菜30g 糖醋藕片50g

调料 黄酒30g 姜汁10g 玉米淀粉20g 蛋清50g
白胡椒10g 食盐5g 沙拉酱100g 花生油500g

相关知识

蛋白质吸水性与持水性

1.蛋白质吸取水分的能力称为蛋白质的吸水性。不同的蛋白质具有不同的吸水性，如麦谷蛋白约为69%，麦胶蛋白约为45%，一般球蛋白平均为16.7%～23.1%。

2.蛋白质保持水分的能力称为蛋白质的持水性。持水性反映的是蛋白质中结合水和半结合水的多少，在决定菜点口感方面，它比吸水性显得更为重要。

3.畜肉和动物水产品，能够在加热后保持水分，因此才能有柔嫩的口感和良好的风味。烹制含蛋白质比较丰富的原料时，要想获得柔嫩的口感，需采取适当的措施提高或保护蛋白质的持水性。

糖醋脆皮虾球

菜品类型：主 菜

烹调方法：焦 熘

准备时间：约40分钟

烹调时间：约10分钟

原料品种：白虾肉

菜式风格：京 式

主要厨具：炸锅、炒锅、手勺、切刀、砧板、漏勺、吸油纸

成品特点 此菜品造型立体效果，颜色红润光亮，视觉冲击强烈，口味甜酸咸鲜清香，虾肉外皮酥脆，颗粒饱满，肉质细嫩。

原 料

主料 白虾肉600g

调料 红葡萄酒50g 食盐10g 白胡椒粉10g

姜汁50g 番茄沙司100g 大葱50g 白米醋20g

白砂糖80g 绿豆淀粉50g 李派林汁20g

花生油1 000g 蜂糖柠檬皮丝50g 青笋片300g

制作步骤

1 整只白虾肉脊部片开选修整理加工清洗干净，使用蜂糖柠檬皮丝、大葱、白胡椒粉、姜汁、红葡萄酒、李派林汁一起搅拌均匀，封闭之后放入冷却环境之中存放10分钟。

2 炒锅煸炒蜂糖柠檬皮丝，烹入红葡萄酒，加入清水、白砂糖、食盐、番茄沙司、李派林汁、白米醋、淀粉等，使用中小火力熬制融合，调理成鲜艳醋甜咸香复合味型的红色调味汁。

3 虾肉块表层均匀粘挂细腻的干绿豆淀粉，轻轻滚动形成稳定的糊粉层，净置3分钟使水分渗透到粉层之中。

4 炸锅注入花生油，加热至五六成热度，将挂糊处理好的虾肉逐个平稳地下入锅内油中，待初步定型之后用手勺轻轻地推动分散，直到肉质完全成熟、粉糊层形成焦脆质感，及时倒入漏勺中沥净油脂。

5 复炸后外皮能够充分形成良好的焦脆质感，用吸油纸吸取多余油脂。

6 将炸好的大虾球，裹粘酱汁，迅速摆放在餐盘中焯过水的青笋片上，顶部放上蜂糖柠檬皮丝点缀装饰。

相关知识

焦熘

　　焦熘也叫炸熘、脆熘，是北京古老而又现代的烹调方法，俗话说，没有油盐显不出富贵，过油炸的菜式多是古代宫廷、官府、大户人家擅长的私房菜。

　　焦熘菜式原料经过加工之后，挂糊上浆着衣，然后采用炸制热处理，再用黏稠的酱汁熘制。焦熘菜式的体态饱满光亮、热情温暖，采用焦糖调色的颜色多呈琥珀色，采用番茄沙司调色多呈鲜艳的玫瑰红色。

　　代表菜式有：焦熘丸子、焦熘肥肠、焦熘松花、焦熘肉片、糖醋里脊、糖醋鱼等。

蔬菜蒸虾卷

菜品类型：	头 盘
烹调方法：	蒸 制
准备时间：	约30分钟
烹调时间：	约15分钟
原料品种：	虾 肉
菜式风格：	京 式
主要厨具：	蒸锅、手铲、切刀、砧板、粉碎机、保鲜膜、挤袋、洁布、竹签

成品特点 此菜式造型采用编织成型手法，设计完整新颖，蔬菜的清淡与虾肉的鲜美相互融合，体现出现代菜式简约的浪漫色彩。

制作步骤

1 虾肉挑去背后黑线，搅拌清洗后控净水分，加入黄酒、姜汁、食盐、白胡椒粉、蛋清、鲜奶油搅拌粉碎成蓉泥，冷却15分钟。

2 土豆泥加入食盐、鲜奶油搅拌成蓉泥。

3 胡萝卜、青笋切成长方片，焯水后冷却处理，擦净水分。

4 编织好的蔬菜放在保鲜膜上，再放上虾蓉泥，包裹成方包形，低温蒸制15分钟。

5 浇淋上咸鲜味型的食盐、玉米淀粉、清水、花生油组合成的琉璃芡，挤上奶油土豆泥即可。

 原 料

主 料	虾肉300g
配 料	土豆泥40g 胡萝卜80g 青笋80g
调 料	黄酒10g 鲜奶油5g 白胡椒粉10g

姜汁30g 食盐5g 花生油20g 玉米淀粉10g

蛋清10g

相关知识

菜系边界的模糊和消失

东西方菜肴风味的界限、南北大菜的地域边界、兄弟民族间的区域界线、传统和现代菜式标志，逐渐变得模糊不清，甚至已经消失。新版菜式的出现，是对烹饪中方位概念的淡化，无疑也会造成人们饮食心理方面情感的迷茫。无国界、无疆域、无南北大菜、无名出料理是一种淡定的职业创造精神，更能展现个性，促使烹饪是在发展变革创新。当然，低俗落伍，不可持续的方法、菜式、味道，也渐渐被历史淘汰。

双娇海虎虾球

| 菜品类型：头 盘 |
| 烹调方法：氽 制 |
| 准备时间：约20分钟 |
| 烹调时间：约10分钟 |
| 原料品种：海虎大虾仁 |
| 菜式风格：京 式 |
| 主要厨具：煮锅、手勺、漏勺、切刀、砧板、洁布、调味汁挤瓶 |

成品特点

此菜整体有简练、精致、空灵之感。虾肉形态圆润，口感极度质脆肉嫩。

原料

主料	海虎大虾仁100g
配料	脆薯片40g 草莓15g 生菜40g 鲜芒果粒40g
调料	黑醋酱30g 黄酒30g 姜汁10g 玉米淀粉20g

蛋清50g 白胡椒粉10g 食盐5g 沙拉酱50g

制作步骤

1 用刀刃将海虎大虾仁黑膜刮掉，清洗干净。

2 从脊部下刀片开虾肉，去掉脊部黑线，将虾肉展开修整成大小均匀的琵琶形。

3 虾肉用洁布沾干水分，用蛋清、姜汁、食盐、黄酒、玉米淀粉、白胡椒粉组合成的蛋清粉浆上浆处理，冷却10分钟。

4 煮锅放清水加热到产生虾眼大小的气泡时放入浸泡2分钟，待虾仁氽熟、凝固定型后及时捞起控净水分，用干净卫生的清洁布迅速吸去虾肉外表水分。

5 大虾肉均匀裹粘沙拉酱，分别放上脆薯片和鲜芒果粒。

6 餐盘中间淋上黑醋酱汁，放上生菜、红椒丝和草莓。

相关知识

氽制方法

1.氽为烹调中的一种比较重要处理方法，又称氽烫、川烫、灼。特别适合新鲜、质嫩、柔软的蔬菜、海鲜原料，也叫焯水、飞水、烫。

2.把原料放入沸水中片刻，透过水的热力烧煮片刻，可以达到肉类血水以及去除部分油脂（例如羊肉）的效果。

3.氽是一种无油烟低温环保健康的烹调方法。

冰雪大虾球

菜品类型：头 盘
烹调方法：炸 制
准备时间：约10分钟
烹调时间：约5分钟
原料品种：虾 肉
菜式传统风格：日 式
主要厨具：炸锅、手勺、切刀、砧板、漏勺、竹筷子、洁布、滤网、吸油纸

成品特点 此菜糊层色泽金黄诱人，形体蓬松，洁白如雪，口感松酥，质脆如冰，虾肉原汁原味、细致爽脆、富有弹性，口味咸香清香自然。

制作步骤

1 选用新鲜的大白虾肉，从脊部剖开成凤尾形，清理干净，切断虾筋，防止卷曲变形。

2 黄酒、姜汁、白胡椒粉、食盐腌制5分钟。擦干净表面水分，拍上薄薄一层面粉。

3 小苏打放入玉米淀粉中，放入一个蛋黄，用冷水将玉米淀粉按照5:1的比例，调和成淡黄色水粉脆浆。

4 加热花生油到五成热时，用手指将脆浆迅速分散甩到锅中，待凝结成絮状时，及时捞起控油。

5 大虾肉粘鸡蛋液，整体挂粘絮状脆粉后，再次放油中炸至定型、成熟、上色、酥脆后，捞起控油，用吸油纸吸取多余的油。

6 配上甜味的海鲜酱油即可。

原料

主料 大白虾肉300g

调料 黄酒30g 姜汁10g 鸡蛋100g 食盐5g
玉米淀粉20g 小苏打5g 白胡椒粉10g
花生油1 000g 海鲜酱油30g

相关知识

天福罗

日本江户时代已经开始使用的烹调方法，16世纪由西方传入，名称源于葡萄牙语。天福罗是一种炸制的食物，选用新鲜的鱼虾和蔬菜，在原料外表挂粘一层由米粉、面粉、苏打调制的脆浆，炸制而成的松脆食物，口感清脆爽口，配甜味酱油食用。常见菜品有天福罗虾、天福罗鸡、天福罗鱼、天福罗茄子、天福罗蘑菇等。

水煮荠菜鲜虾饼

菜品类型：	头 盘
烹调方法：	蒸氽组合
准备时间：	约20分钟
烹调时间：	约15分钟
原料品种：	海虾肉
菜式风格：	京 式

主要厨具：蒸锅、煮锅、手勺、漏勺、切刀、砧板、保鲜膜、过滤筛、粉碎机

成品特点 此菜式形态圆润饱满，菜式设计巧妙利用餐盘的空间，色泽金黄纯正，口感嫩爽脆细滑，口味鲜，咸鲜清香。

原 料

主 料 海虎虾仁300g

配 料 羊肚菌10g 白果10g 枸杞5g 荠菜30g

炸藕片30g 荸荠20g

调 料 黄酒30g 姜汁10g 玉米淀粉20g 蛋清50g

白胡椒10g 食盐5g 鲜奶油20g 虾清汤400g

相关知识

真空低温烹调

低温烹调就是在65～100℃采用低温、真空、慢速、免水油媒介的烹调。

习惯认为高温下长时间的煎、炸、炒、烤可以获得食物的最佳色香味，产生特殊的香气和口感。但我们今天认识到烹调温度超过100℃的叫高温烹调，高温烹调可能会加速食物中的糖分、脂肪和蛋白质等发生反应，生成更多不利糖尿病患者更健康的食物，也损失了蔬菜中的维生素。

因此，低温、持续时间加热烹调方法对健康更加有益。

制作步骤

1 海虎虾仁加入黄酒、姜汁、白胡椒粉碎成蓉泥，将荸荠拍碎备用。羊肚菌、白果、枸杞清洗浸泡，鲜藕片用食盐腌渍后擦净水分，煎成金黄的脆片。

2 虾肉蓉泥混入蛋清、鲜奶油、食盐，搅拌上劲团制成球状，按压成厚度为1厘米、直径为6厘米的饼状。

3 荠菜焯水后过凉切碎，挤干水分，铺放在拍过玉米淀粉。粘挂蛋清的虾饼一面，保鲜膜封住蒸5分钟，放入汤盘中。

4 虾清汤加入黄酒、食盐，调理好味道，经过澄清处理放入白果、羊肚菌煮制3分钟后注入汤盘，放上浸泡好的枸杞，装饰上细香葱。

虾面条泡泡浓汤

菜品类型：	头 盘
烹调方法：	氽煮制
准备时间：	约20分钟
烹调时间：	约20分钟
原料品种：	虾 肉
菜式风格：	京 式
主要厨具：	煮锅、手勺、切刀、砧板、漏勺、竹筷子、洁布、挤袋、粉碎机、滤网、搅拌器、充气泵

成品特点 此菜式金色泽黄，泡沫密集坚实而丰满，充满想象力和创造力，汤汁味道黏滑细腻鲜浓香，富有扩张力。

制作步骤

1 鲜虾肉用清水浸泡漂洗干净，用干净的洁布把虾肉表面水分吸干，加入黄酒、姜汁，用粉碎机搅拌成虾滑蓉泥状。

2 虾蓉泥中加入食盐、白胡椒粉、鸡蛋清充分拌匀，产生筋力装入挤袋，在80℃的煮锅中，挤成直径为0.2厘米的面条形状，再将面条形状的虾滑团成球状，放在汤盘里。

3 调理好奶油虾浓汤的口味、颜色和黏稠度，放入溶化的大豆磷脂，迅速用搅拌器抽打产生泡沫或采用充气泵产生泡沫后，及时盛入汤盘里，点缀装饰即可。

原料

主料 鲜虾肉100g

配料 奶油虾浓汤200g

调料 大豆磷脂3g 黄酒30g 姜汁10g 食盐5g 鸡蛋清50g 白胡椒粉10g

相关知识

隐退江湖烹调厨艺分子

伴随着21世纪的曙光，来自欧洲的西南部西班牙伊比利亚半岛的分子厨艺就像病毒流行一样，迅速在中国的厨房里流行蔓延，来势凶猛，大有颠覆传统烹调之势。然而，2012年西班牙分子圣地厨房却缓缓关上了山门，闭门思过在西班牙与毕加索、达利一样被看作是伟大的艺术家加泰隆尼亚大厨贯兰·阿德里亚，开始了未来数年歇业潜心研究烹饪探索发现烹饪奥秘的历程。当分子圣地厨房再次打开山门时，世界厨房也许会地动山摇的。随着食品添加剂的失宠，北京的分子发烧友似乎也降温了，虽然没有成为厨房中的主流，但是他们的技艺还是值得借鉴，被广大厨艺发烧友所推广。

蒜香脆皮虾

菜品类型：	头 盘
烹调方法：	炸炒组合
准备时间：	约20分钟
烹调时间：	约5分钟
原料品种：	海 虾
菜式风格：	粤 式
主要厨具：	炸锅、烤箱、炒锅、手勺、漏勺、切刀、砧板、过滤筛、纱布、粉碎机、垫纸、吸油纸

成品特点 此菜式借鉴港式避风塘炒虾、炒蟹的做法，鲜虾形体完整，造型自然，个性张扬，外皮酥脆，肉质鲜嫩，面包糠蒜碎如同金色黄沙干爽酥脆、蒜浓郁香，鲜虾与面包糠、香蒜完美的结合，富有现代菜式简约的食尚色彩。

原 料

主料	带皮中虾300g
配料	红辣椒粒20g 面包糠40g
调料	黄酒10g 大蒜30g 白胡椒粉5g 食盐10g

花生油100g 玉米淀粉10g 豆豉碎10g

制作步骤

1 将带皮中虾洗净，剪掉须，背脊剪开，挑去背后面的黑线。将整理好的带皮中虾加入葱姜、食盐、白胡椒粉、黄酒腌制15分钟。面包糠烤制酥脆备用。

2 将大蒜粉碎成细小的碎蓉，加入适量清水，用纱布包裹挤出汁液，放入花生油中炸至干脆金黄色。用吸油纸吸油。

3 虾皮沾上干玉米淀粉，轻轻按压粉层干炸至干酥香脆。

4 油锅放少量花生油，将红辣椒粒、豆豉碎炒香，加入面包糠炒至如同金色黄沙，放入炸虾翻炒混合。

5 将虾盛放在餐盘中，盖上面包糠，撒上香蒜碎，点缀必要的装饰即可。

相关知识

干 炸

　　干炸是京派烹调惯用的方法，干炸表示炸干的意思，就是将腌制调理好口味的原料表面水分擦干净或晾干净，拍粘上薄薄的一层面粉或淀粉，直接热油炸制定型成熟至外焦里嫩、芳香酥脆、颜色金黄、味道醇厚，炸制过程有初炸和复炸之分。

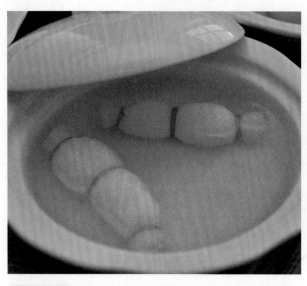

鲜虾竹荪清汤

菜品类型：头 盘
烹调方法：汆 煮
准备时间：约20分钟
烹调时间：约10分钟
原料品种：虾 肉
菜式风格：京 式
主要厨具：煮锅、手勺、切刀、砧板、漏勺、竹筷子、洁布、挤袋、粉碎机、滤网

成品特点 此菜汤汁清澈如水、汤汁清爽宜人，原料之间相互融合，相得益彰，竹荪鲜虾口感脆嫩有致，层次分明，咸鲜清淡，虾味浓郁。

制作步骤

1 鲜虾肉用清水浸泡漂洗干净，用干净的布把虾肉表面水分吸干，加入黄酒、姜汁，用粉碎机搅拌成虾滑蓉泥状。

2 虾蓉泥加入食盐、玉米淀粉、白胡椒粉、鸡蛋清充分拌匀，装入挤袋。

3 竹荪浸泡回软清洗干净，加工成长短一致的圆筒状，用香菜梗捆扎好一端，将虾蓉饺挤入，捆扎成莲藕节状。

4 竹荪虾藕节放入虾清汤中低温慢煮，放在油菜心上，堆积成山。

5 将竹荪虾藕节盛入汤盘中，注入过滤澄清的清汤即可。

🧺 原 料

主 料 鲜虾肉100g

配 料 竹荪30g 虾清汤200g 香菜梗10g 油菜心30g

调 料 黄酒30g 姜汁10g 鸡蛋清80g 食盐5g
玉米淀粉20g 白胡椒粉10g

相关知识

和谐味道

清代李渔提出饮食观点：纯净、简朴、自然、天成。提倡原汁、原味、原形、原色（本质），顺其自然，妙手天成，主张本味本色为贵，养生之道，反对暴殄天物，汤羹调味尤为重要，宁淡勿咸，味道统一。

基础汤的味道要与原料一致，做到淡淡正正，不走偏锋。因此，适者相配，虾肉配合鲜虾基础汤、牛肉配合牛肉茶、鸡肉配合鸡基础汤、鱼肉配合鱼浓汤，这样可以提高互补作用，还能达到味的相乘作用。否则，味与味之间会形成相互排斥、遏制、相消，不仅降低呈味效果，还会形成怪味。

杏仁百花虾

菜品类型：	头 盘
烹调方法：	蒸 制
准备时间：	约20分钟
烹调时间：	约5分钟
原料品种：	带皮中虾
菜式风格：	京 式
主要厨具：	蒸锅、手勺、漏勺、切刀、砧板、过滤筛、刷子、粉碎机、垫纸、洁布、保鲜膜

成品特点

菜式造型如镶嵌珍珠一般，晶莹剔透，光鲜亮丽，杏仁香甜与虾肉的鲜美自然完美的组合在一起。

原 料

主料	带皮中虾200g 虾仁200g
配料	鲜杏仁50g
调料	黄酒10g 姜汁30g 白胡椒粉5g 黄芥末酱30g
	食盐10g 法香10g 橄榄油50g 玉米淀粉30g 蛋清30g

制作步骤

1 带皮中虾留尾去皮洗净，背脊剖开，挑去背后的黑线，切断虾筋，加工成凤尾形，放入食盐、白胡椒粉、黄酒腌制15分钟。

2 虾仁清洗干净控净水分，加入姜汁、黄酒、白胡椒粉、玉米淀粉、蛋清、法香，搅拌粉碎成蓉泥。

3 鲜杏仁水煮之后擦净水分。

4 虾肉平铺开，拍上薄薄一层玉米粉，瓤上一层虾溶胶，镶嵌上杏仁片。

5 成型虾肉放在垫纸上，刷上橄榄油锁住水分，保鲜膜封闭蒸制10分钟至虾饺凝固，点缀黄芥末酱，添加必要装饰即可。

相关知识

低碳绿色环保的蒸制法

"蒸"是把加工成形的薄块原料，经调滋味后，放入相对封闭的环境中，用蒸汽加热成熟的烹调方法。

水达到沸点而汽化形成蒸汽，其传热形式主要是通过对流方式进行交换，由于蒸在加热过程中要有一定压力，所以温度可略高于沸点。大型质地坚实的整形原料需要高温足气，而小型质地软嫩的薄块原料需要缓慢蒸制，甚至封闭进行。

蒸制的菜式用油少，营养素损失少，比较清淡，同时具有原汁、原味的特点，过程简易，使用广泛，是现代社会倡导的健康文明绿色环保的生活方式。

菜胆水晶虾仁

菜品类型：	副 菜
烹调方法：	清 炒
准备时间：	约20分钟
烹调时间：	约5分钟
原料品种：	淡水虾仁
菜式传统风格：	苏 式
主要厨具：	炒锅、煮锅、手勺、切刀、砧板、漏勺、竹筷子、洁布、保鲜膜

成品特点 虾仁颗粒圆润饱满，外部色泽洁白晶莹，肉质清香咸鲜、浓郁有弹性，口感酥脆。具有芒果的味道、蛋黄的造型、嫩滑的口感。

制作步骤

1 虾仁挑去黑色肠线，用清水浸泡漂洗干净，沥干水分，用干净的布把虾仁表面的水分吸干。

2 虾仁用食盐、黄酒、玉米淀粉、白胡椒粉、鸡蛋清、姜汁充分拌匀，加入一汤匙约5g的花生油拌匀，用保鲜膜盖好，入冰箱2~4小时冷却。

3 焯水后的油菜心，使用虾清汤烧制，调理好口味后用土豆淀粉勾芡增稠，逐个摆放在餐盘底部。

4 锅中倒入花生油，烧至六成热的时候，放入虾仁迅速滑散，至虾仁洁白后凝固后捞出沥油。

5 用虾清汤，加食盐、淀粉、少量花生油调匀成调味芡汁。

6 芡汁放入锅中，炒至黏稠放入滑过油的虾仁，倒入调味芡汁翻匀出锅，放在油菜心上，堆积成山。

7 餐盘点缀上芒果蛋做装饰。

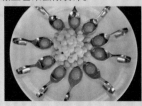

🏠 原 料

主 料	虾仁200g
配 料	油菜心10g 芒果蛋100g
调 料	黄酒30g 姜汁10g 鸡蛋清80g 食盐5g

玉米淀粉30g 白胡椒粉10g 花生油500g 土豆淀粉10g

相关知识

芒果蛋的制作

1.将钙盐（氯化钙）5克用冷却的纯净水（或蒸馏水）500克溶化，调制成固化液。

2.将溶化的海藻胶2克与200克芒果蓉泥充分搅拌混合，形成黏稠的糊状。

3.用汤勺或挖球器将芒果蓉泥缓缓地整体放入到钙盐水中，浸泡1分钟至外皮凝固定型后轻轻取出，浸泡在冷却的纯净水中。

【贝螺类】

花雕酒扒鲍鱼

| 菜品类型：头 盘 |
| 烹调方法：低温蒸煮 |
| 准备时间：约20分钟 |
| 烹调时间：约30分钟 |
| 原料品种：鲜鲍鱼 |
| 菜式风格：京 式 |
| 主要厨具：蒸锅、手勺、撬刀、切刀、砧板、刷子 |

成品特点 此菜品造型富有极强的想象力，色泽红润光亮，充满魅力，鲍鱼肉质口感嫩滑柔韧，口味自然咸鲜清新，花雕酒香相辅相成，此菜式采用低温烹调。

原 料

主 料	带壳鲜鲍鱼600g
配 料	绿芦笋40g 土豆泥80g
调 料	花雕酒50g 生抽50g 海鲜清汤100g

大葱段10g 生姜片30g 胡椒粉20g 淀粉20g

香油10g

相关知识

低温真空烹调温度和时间

　　低温真空烹调又叫精准烹调，精确烹调，参考使用标准如下：西冷牛排60℃45分钟、鸡腿块64℃1小时、鸭胸肉排60℃25分钟、羊排60℃35分钟、猪里脊排80℃8小时、猪肉82℃12小时、鹌鹑肉64℃60分钟、小牛牛排61℃30分钟、鹅肝块68℃25分钟、金枪鱼块60℃13分钟、三文鱼块60℃10分钟、龙虾肉块60℃15分钟、普通鱼类62℃12分钟、土豆块65℃30分钟。

制作步骤

1 带壳鲍鱼去掉硬壳，取出肉质腹足，摘除内脏，加食盐涮洗干净。在平整的表面剞上十字花刀。绿芦笋刮去硬皮焯水备用。

2 鲍鱼肉用黄雕酒、白胡椒粉、淀粉腌制5分钟后，加入真空袋抽真空后，放入60℃的煮锅中恒温加热13分钟。

3 生姜片、大葱段用花生油低温炒香，烹入花雕酒，加入酱油、白胡椒粉，蒸鲍鱼的汁液，澄清过滤后放入

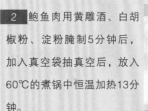

一同煮制加热5分钟后过滤，将淀粉用清水泻开勾芡增稠，淋入香油调制成金黄色酱。

4 土豆泥插上竖起提前需要洗净的鲍鱼壳，煮制加热后，点缀上绿芦笋装饰即可。

鲍鱼扒南瓜

菜品类型：	主 菜
烹调方法：	蒸烧扒组合
准备时间：	约30分钟
烹调时间：	约30分钟
原料品种：	鲍鱼、鸡肉、南瓜、山药
菜式风格：	鲁 式
主要厨具：	蒸锅、烧锅、手铲、戳刀、撬刀、切刀、砧板、漏勺、保鲜膜、过滤筛

成品特点 此菜式大气磅礴，整体造型设计和谐，富有古典主义特征，颜色搭配巧妙，口味咸鲜适中，继承传统造型的方法，主题鲍鱼形态突出，花刀均匀，口味香鲜，回味醇美自然，南瓜柔软细腻香甜。

制作步骤

1 将山药刮皮清洗干净切滚刀块，鸡腿肉切核桃块，炸至定型呈金黄色，用大葱段、大蒜瓣、姜片煸炒后，烹入黄酒，加入酱油、白糖，加水红烧10分钟。

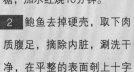

2 鲍鱼去掉硬壳，取下肉质腹足，摘除内脏，涮洗干净，在平整的表面剞上十字

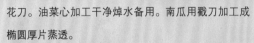

花刀。油菜心加工干净焯水备用。南瓜用戳刀加工成椭圆厚片蒸透。

3 鲍鱼肉质用黄酒、白胡椒粉、食盐、玉米淀粉腌制5分钟后，盖保鲜膜保温蒸5分钟。

4 蒸鲍鱼的汁液澄清过滤，加入黄酒、酱油勾芡，淋入香油调制成金黄色酱。

5 将山药、鸡块放在餐盘中央，南瓜和油菜心轻轻摆放周围，鲍鱼摆放在南瓜上，浇淋上黄酒酱汁。

原料

主 料	鲜鲍鱼9个
配 料	南瓜800g 油菜心100g 山药200g 鸡腿肉200g
调 料	黄酒20g 食盐20g 白胡椒粉20g

玉米淀粉50g 大葱段20g 大蒜瓣20g 姜片20g

白糖10g 酱油30g 香油10g

相关知识

膳食配伍

1.配伍是根据人的健康、心理需要和食物特点有选择地将两种或两种以上的食物配合在一起应用。

2.配伍既能照顾生理、心理，又可增强健康，减少毒副作用。

3.西汉《神农本草经》最早总结出配伍的规律：有单行者、有相须者、有相使者、有相畏者、有相恶者、有相反者、有相杀者，七种情况，适合才能食用。

4.清代袁枚再《随园食单——配搭须知》中提到：清淡的配清淡的，浓重的配浓重的，柔软配柔软的，坚硬的配坚硬的，才能达到合理的配膳。

油爆海螺片

食物类型：	头 盘
烹调方法：	油 爆
准备时间：	约20分钟
烹调时间：	约3分钟
原料品种：	海 螺
菜式风格：	京 式
主要厨具：	煮锅、炒锅、手勺、切刀、砧板、刷子、漏勺

成品特点 此菜是一道典型"火候菜"，生命周期短暂，关键要三快：快速烹炒、快速服务、快速食用。菜品色泽洁白，螺肉以刚好断生为佳，质地脆嫩爽口、过火即老，芡汁紧密包裹原料，量少而黏稠，能够锁住原料内部的水分，食后盘内无汤汁、无底油，干净利落。

原 料

主 料 海螺10个

调 料 黄酒20g　生抽20g　食盐10g　姜片10g

海鲜清汤100g　蒜片10g　葱花10g　白胡椒粉10g

米醋10g　香油10g　绿豆淀粉20g　花生油500g

相关知识

油爆

　　北方最有代表的烹调方法，将切好的韧性脆感的原料先水煮四分熟后取出，将水沥干，立刻放入八九成热的油锅中炸至七分熟即捞出，然后再将沥干的材料放入小油锅中。

　　将事先准备好的调味芡汁倒入，摇动快速颠翻炒锅，勾芡调匀，原料刚好成熟即完成。

　　油爆方法适用于新鲜质脆的动物原料，如猪肚仁、鸡肫、腰花、鱿鱼卷，剞有花纹的原料在短时间内成熟绽开后马上入油锅二次热处理。也可焯水或过油冲炸一次热处理。

　　油爆要三旺：火要旺、水要烫、锅要热。

制作步骤

1 将新鲜的海螺外壳头部砸碎，取出螺肉，摘去尾肠，用刷子刷去头部黑膜，用米醋和粗盐揉搓洗净，再用清水洗净，采用滚料片刀法片成大薄片(片越薄越好)。

2 将海鲜清汤、黄酒、食盐、白胡椒粉、绿豆淀粉放碗内调成芡汁。

3 烧滚水，放入海螺迅速焯水后，立即倒入漏勺内滤干水，迅速放入已烧至八成熟的花生油中一冲，倒入漏勺滤干油。

4 锅内留少量底油加入葱花、蒜片、姜片，炒出香味后，放入海螺片迅速倒入调好的芡汁，颠翻拌炒均匀，淋上香油，烹入米醋，盛入干净的螺壳中即可。

黄酱烤牡蛎

菜品类型：	头 盘
烹调方法：	烤 制
准备时间：	约25分钟
烹调时间：	约15分钟
原料品种：	牡 蛎
菜式风格：	京 式
主要厨具：	烤箱、蒸锅、手铲、撬刀、切刀、砧板、漏勺、保鲜膜、洁布、网架

成品特点 此菜式自然气息浓郁，酱汁与牡蛎搭配巧妙，人工发酵与自然天成的味道相结合，口味咸鲜和谐，突出了牡蛎单纯的美妙滋味，保持了肉质细腻鲜嫩多汁的良好口感。

制作步骤

1 将黄酱加入黄酒、姜汁、香油、白胡椒粉，将黄酱稀释，研磨制细，调理好味道，加盖保鲜膜蒸制10分钟，黄酱冷却后备用。

2 将牡蛎壳撬开，轻轻取下牡蛎肉，择洗干净，用食盐搓揉洗去黏液，再次清洗干净控净水分，用洁布沾干水分，用玉米淀粉拌匀上浆处理。选光滑的牡蛎壳洗刷干净，焯水后滤干水，用洁布擦拭干净。

3 将姜片垫底，将牡蛎肉逐个放上，把黄酱浇淋在牡蛎肉上，撒上葱花。

4 放在网架上烤制或者放在烤箱里烤制15分钟。

原料

主料 牡蛎10个

调料 黄酒20g 黄酱60g 白胡椒粉10g

玉米淀粉20g 姜汁20g 葱花20g 香油10g

姜片20g

相关知识

黄酱

黄酱又称大豆酱、大酱、黄豆酱，是中国北方以及韩国、日本最为钟情的传统调料。大豆酱是以大豆为主料配以小麦面粉、米粉、食盐、水，经过浸泡、蒸煮、接种（米曲霉菌）、发酵、灭菌、粉碎等工艺制成的固体或半固体酱类调料，制作周期为3～12个月，大豆酱色泽有红褐色、淡黄色。

口味咸鲜醇厚有着浓郁的酱香味，有豆粒状、豆瓣状、膏状等品种。

京酱蒸鲍鱼

菜品类型：	头　盘
烹调方法：	低温蒸煮
准备时间：	约20分钟
烹调时间：	约10分钟
原料品种：	鲜鲍鱼
菜式风格：	京　式
主要厨具：	蒸锅、手勺、撬刀、切刀、砧板、保鲜膜、刷子

成品特点

此菜式鲍鱼形态如菊花，肉质口感嫩滑柔韧，口味咸鲜清香醇厚，酱香浓郁，深厚悠久。

 原　料

主　料　鲜鲍鱼600g

配　料　绿芦笋40g

调　料　黄酒50g　花生油30g　黄豆酱50g　大葱段10g
生姜片20g　胡椒粉20g　土豆淀粉20g　香油10g

制作步骤

1　鲍鱼用撬刀去掉硬壳，摘除内脏，刷洗干净，在平整腹足表面用切刀剞上十字花刀。

2　黄酱用黄酒溶化稀释研细后用花生油煸炒爆香，加入白胡椒粉调理好口味冷却后，放入生姜片、大葱段、香油、土豆淀粉调和拌匀。

3　在鲍鱼花形上刷上黄酱调料。

4　生姜片、大葱段垫在鲍鱼壳底部，上面放上鲍鱼花，用保鲜膜封闭后蒸制5～8分钟。

相关知识

味觉的对比与消杀现象

两种或两种以上不同味型的化学呈味物质，以适当的比例相混合，同时作用于味觉器官，从而导致其中一种呈味物质所引起的味觉明显增强突出。如在蔗糖溶液中加入少量食盐，两种物质合成的溶液，甜味感觉要比单纯的蔗糖溶液甜度明显增强，在鲜味的溶液中加少量的咸味会更加鲜美，所以有着无盐不甜、无盐不鲜、无盐不香的说法，具有提味增鲜增香的咸味被尊为百味之主。

香葱烤牡蛎

菜品类型：	头　盘
烹调方法：	烤　制
准备时间：	约25分钟
烹调时间：	约10分钟
原料品种：	牡　蛎
菜式风格：	京　式
主要厨具：	中火焗炉、炒锅、手铲、撬刀、切刀、砧板、烤盘

成品特点

此菜式牡蛎整体自然完整。菜品表面金黄，口味咸鲜浓香，口感松酥软嫩。制作方法简约新颖。

制作步骤

1　撬开牡蛎，取出牡蛎肉用白醋轻轻揉搓，清洗干净，外壳刷洗干净。

2　炒锅放入黄油溶化后，烹入白葡萄酒、白胡椒粉、法香，放入牡蛎肉低温稍加焖煮5分钟。

3　溶化的黄油混合葱头碎、蒜蓉、面包糠、食盐调制均匀的黄油面包馅。

4　牡蛎肉放到壳中，上面覆盖黄油面包馅，放入中火焗炉中，烤制5分钟，上色酥脆，散发出香气即可。

 原 料

主料　牡蛎10个

调料　白葡萄酒100g　黄油100g　白胡椒粉10g
面包糠100g　蒜蓉20g　食盐10g　葱头碎50g
法香40g

相关知识

温度对人体生理味觉的影响

习惯上讲到的"菜要热、酒要冰、咖啡要烫"就是对食品温度的特定服务要求标准。

人体味觉具有敏感特性的理想温度范围为5~50℃，最佳温度是接近正常人体温度的30~40℃。随着食物温度的升高，口腔味觉细胞容易遭到破坏失去活力，导致感受味觉敏感程度降低，随着食物温度的降低，造成味觉细胞的麻痹迟钝，也会导致感受味觉敏感程度降低。

感受汤羹主菜的最佳温度在70~90℃之间。

感受甜食如蛋糕、饼干等最佳理想温度是37℃。

感受果汁和水果味道的最佳理想温度是8~10℃。

感受奶油木司、冰激凌类甜品的最佳理想温度是-4~-6℃。

浓汤烩鲍肚菇

菜品类型：	主　菜
烹调方法：	烩　制
加工时间：	约20分钟
烹调时间：	约20分钟
原料品种：	听装鲍鱼、鱼肚、猴头菇
菜式风格：	京　式
主要厨具：	煮锅、手勺、切刀、砧板

成品特点　此等菜品浓鸡汤色泽明黄光亮，汤汁细腻黏滑与菜品融为一体，粘稠的汤汁保温性能好，浓鸡汤新鲜自然浓香，与蘑菇的鲜美滋味珠联璧合。

原　料

主　料	听装鲍鱼300g
配　料	鱼肚150g　猴头菇120g
调　料	黄酒20g　生抽20g　食盐20g

白胡椒粉20g　土豆淀粉50g　浓鸡汤50g

制作步骤

1　将发制好的鱼肚片切成大薄片，听装鲍鱼片成椭圆形大薄片，鲜猴头菇片成大薄片，原料经过焯水处理后清理干净，控净水分备用。

2　将浓鸡汤烧开，加入黄酒、白胡椒粉、食盐、生抽，调理好咸鲜口味，放入鱼肚片、鲍鱼片、猴头菇片使用泻开的土豆淀粉勾芡增稠，使汤汁细腻黏滑浓稠。

3　固体原料分散放入，使黏稠的汤汁托起原料，使汤汁与原料自然融为一体。

相关知识

烩制

　　汤羹、烩菜制作用途广泛的烹调方法，利用淀粉糊化的黏稠汤汁与原料融合为一体，形成的黏滑的口感、持久的保温；代表菜品酸辣汤、浓汁烩鲍鱼、红烩酒肉、鸡茸粟米羹、宋嫂鱼羹、海味杂烩、杂烩菜、烩面、烩饭。

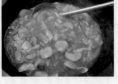

　　烩制菜品的汤汁较多，淹没原料，原料纯净无骨鲜嫩，采用高汤烩制。寒冷的冬季一般作为热头盘。汤汁少的烩菜一般作为冬季的主菜。

乳蛋烤扇贝

菜品类型：	头 盘
烹调方法：	烤 制
准备时间：	约25分钟
烹调时间：	约15分钟
原料品种：	扇 贝
菜式风格：	京 式
主要厨具：	烤箱、炒锅、手铲、撬刀、切刀、砧板、烤盘

成品特点　此菜式口味咸鲜浓香，口感松酥软嫩细致，黄色的淡雅与酱色深沉，在强烈的对比中扇贝获得新生，成为独树一帜的融合菜式。

制作步骤

1　撬开扇贝，取出扇贝肉，用白醋轻轻揉搓，清洗干净，外壳刷洗干净。

2　鸡蛋液中放入溶化的黄油，再加入黄酒、食盐、白胡椒粉搅拌均匀。

3　炒锅中花生油将黄豆酱、黄酒、葱姜碎煸炒出浓香，烹入黄酒调和成咸鲜浓香的黏稠酱料。

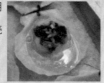

4　扇贝肉放在贝壳里，上面放上酱料，周围浇入鸡蛋液，在120℃温度下烤制10分钟，至鸡蛋固化定型、散出香气，取出撒上细香葱即可。

原 料

主 料　扇贝10个

调 料　黄酒30g　黄油30g　白胡椒粉10g　鸡蛋200g

黄豆酱40g　食盐5g　花生油30g　葱姜碎30g

花生油30g　白醋20g

相关知识

味觉的阈值

　　味觉的阈值是指能够引起人体良好味觉感受的最小浓度，生理味觉感受到的阈值越小，说明人体味觉的敏感程度就越高。人体感受食盐咸味阈值的溶液浓度是5克/升，人体感受食糖甜味阈值的浓度是15克/升。人体味觉的敏感度与进餐的速度成反比，速度越快味觉的敏感度就越差；与其他味道的排斥有关，干扰味觉的物质越多，感受单一味觉的敏感度就越差；与年龄、健康、性别、饥饱程度有关系。

香煎鲜带子

菜品类型：头　盘	
烹调方法：煎　制	
准备时间：约8分钟	
烹调时间：约10分钟	
原料品种：扇　贝	
菜式风格：京　式	
主要厨具：不沾煎锅、手铲、撬刀、切刀、砧板、漏勺、吸油纸、洁布	

成品特点　此菜品外表干爽，色泽金黄艳丽，扇贝肉质感细嫩软滑，口味自然咸鲜、清香美妙，制作技法同煎烤方法兼容并蓄。

原　料

主　料	颗粒扇贝400g
配　料	甜豆角100g　杏脯100g
调　料	白葡萄酒20g　食盐20g　白胡椒粉20g
	玉米淀粉50g　花生油50g　意大利黑醋30g

制作步骤

1　将扇贝择洗干净，控净水分，用洁布粘干表面水分。

2　甜豆角焯水后清洗干净，杏脯清洗干净。

3　扇贝使用白葡萄酒、白胡椒粉腌制5分钟。

4　扇贝逐个均匀滚粘上薄薄的玉米淀粉层，放入不沾煎锅中使用花生油低热煎制成熟，待均匀上色呈金黄色，取出控油，用吸油纸吸油，撒上食盐。

5　将扇贝摆放在餐盘中，配上甜豆角、杏脯，点缀意大利黑醋。

相关知识

无国界料理

　　烹饪创意思潮近几年来风生水起，一浪高过一浪，跨界设计、越界料理、无国界烹饪、无疆界调理、创意美食纷纷展露头角，成为现代烹饪影响广泛的非主流派，国家意识在厨房里被淡化。

　　什么料理都有可能涉及，各国菜系融绘贯通，取长补短，不断创新。不仅考验着大厨的功力，对食材的认识认知程度，对现代技法的应用，对饮食时尚文化的把握，对传统民族饮食文化的传承，不是简单地对自己昨天成就的否定。

百花扇贝贴竹荪

菜品类型：	头　盘
烹调方法：	蒸　制
准备时间：	约20分钟
烹调时间：	约40分钟
原料品种：	扇　贝
菜式风格：	京　式
主要厨具：	蒸锅、炒锅、手铲、切刀、砧板、刷子、粉碎机、模具、洁布、保鲜膜、搅拌机

成品特点　此菜是一道典型"泥子活"，色泽洁白如玉，造型完整，口感细腻柔软鲜嫩光滑，口味极度鲜美，给人以清新愉悦的感受。

制作步骤

1　颗粒扇贝肉去掉筋膜与黄酒、姜汁、白胡椒粉、鸡蛋清、鲜奶油、食盐等一起放入搅拌机，搅拌粉碎成白色细腻的蓉泥，待搅拌上劲后冷却20分钟。

2　干竹荪浸泡清洗干净，切成大小一致的长方片。擦干净水分，鹌鹑蛋放入涂抹花生油的模具中蒸制定型。

3　竹荪上轻轻拍上一层玉米淀粉，抹上扇贝蓉泥，抹平整光滑之后，粘贴上香菜叶、火腿蓉、咸鸭蛋黄蓉做装饰，厚度控制在1厘米，封上保鲜膜，采用保温法缓缓蒸制加热30分钟。

4　蒸好的扇贝取出后摆放在盘中，配上鹌鹑蛋，用黄酒、海鲜清汤、食盐、花生油调制成玻璃清芡，浇淋在上面。

原料

主料　扇贝200g

配料　鹌鹑蛋100g 干竹荪30g 香菜叶30g
火腿蓉50g 咸鸭蛋黄蓉50g

调料　黄酒20g 姜汁10g 食盐5g 白胡椒粉10g 海鲜清汤100g 玉米淀粉20g 花生油40g 鸡蛋清100g 鲜奶油20g

相关知识

烹调中保温法加热法

巴氏消毒，有保温法、高温法和超高温法。

保温法加热是一种温度比较低的热杀菌方法，不仅可以杀死病毒细菌，还可以保持食品中营养风味不变。低温真空烹调指在真空状态下保持原料中心温度50℃以上，恒温持续加热30分钟。

人们在烹调食物时，更习惯于高温下长时间的煎、炸、炒、烤等，认为这样才会使食物的色香味更佳。但科学研究发现，低温持续时间较短的烹饪方法，对人体的健康更加有益。

蒸芙蓉扇贝

菜品类型：	头 盘
烹调方法：	蒸 制（低温烹调）
准备时间：	约30分钟
烹调时间：	约10分钟
原料品种：	扇贝肉
菜式风格：	京 式
主要厨具：	蒸箱、炒锅、手铲、切刀、砧板、刷子粉碎机、定型模具、搅拌机、保鲜膜

成品特点 此菜品形如莲蓬，色泽洁白光亮，形体圆润，回味咸鲜清新，口感香滑、细腻、松软，香味十足。

原 料

主料   扇贝肉200g

配料 青豌豆60g

调料 黄酒50g 白胡椒粉50g 玉米淀粉20g 鲜奶油30g

食盐10g 鸡蛋清20g 姜汁10g 花生油20g

相关知识

烹调温度对食物的影响

食物有其适宜的烹调温度，温度不够，会残留细菌，危害人体健康。温度过高会使一些营养物质遭到损失、破坏，甚至产生一些对人体有害的物质。食物中的水溶性蛋白质过度受热会结成硬块；肉类中的脂肪过度加热则氧化分解，损失其所含的维生素A、D；蔬菜中的维生素C等很不稳定，烹调温度越高，时间越长，损失就越大。

烹调食物时，原料要尽量切得细小一些，薄块烹调可以缩短加热时间。原料尽量做到现切现炒、现做现吃，避免较长时间的保温或多次加热，以减少营养物质的损失和变化。

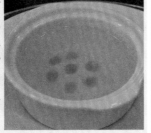

制作步骤

1 扇贝肉去掉筋膜与黄酒、姜汁、玉米淀粉、白胡椒粉、鸡蛋清、鲜奶油、食盐等混合一起放入搅拌机内，搅拌成白色细腻的蓉泥，搅拌粉碎上劲冷却20分钟。

2 青豌豆洗干净焯水冷却。

3 定型模具涂抹花生油，注入扇贝蓉泥，填充实后，厚度控制在1厘米，上面放青豌豆做成莲蓬形状，封上保鲜膜，放在开水盘子里采用保温法蒸制加热20分钟。

4 蒸好的扇贝取出后摆放在盘中，用黄酒、姜汁、食盐调制成玻璃清芡，浇淋在上面。

豉汁蒸元贝

菜品类型：	头 盘
烹调方法：	蒸 制
准备时间：	约20分钟
烹调时间：	约20分钟
原料品种：	元 贝
菜式风格：	京 式
主要厨具：	蒸锅、炒锅、手勺、撬刀、切刀、砧板、保鲜膜

成品特点 此菜品芡汁色泽红棕色，扇贝肉质感细嫩软滑多汁，口味咸鲜清香醇厚微辣，与光滑柔软的黄色粉丝细腻配合。

制作步骤

1 将元贝的肉柱使用撬刀取下，经过必要的清洗加工，使用食盐水溶液和清水清洗干净，将贝壳洗刷干净煮制加热后备用，粉丝浸泡柔软控净水分。

2 使用适量的花生油将泡椒碎、豆豉碎、葱姜碎一同煸炒出香气，烹入黄酒，加入食盐、胡椒粉、白糖、生抽等，调理成色泽棕红、口味清香、咸鲜微辣、黏稠适度的酱汁，淋入适量的香油，烹调制成豉椒汁，冷却后备用。

3 使用冷却后的酱汁将元贝的肉柱均匀腌制且调匀后，摆放在清洁的贝壳之中，垫上粉丝，撒上两粒清洗干净的枸杞。

4 将元贝包裹上一层保鲜膜，放入蒸锅中蒸制10分钟，成熟之后，取下薄膜和滤出酱汁，使用淀粉增稠之后浇淋在元贝上面。

5 将元贝和粉丝摆放在餐盘中，配上芡汁，以及进行必要的点缀装饰。

原料

主料	带壳元贝6个
配料	粉丝50g
调料	豆豉碎20g 泡椒碎20g 黄酒20g 生抽20g

白糖10g 香油20g 胡椒粉10g 葱姜碎40g 淀粉30g

花生油50g 食盐5g 枸杞10g

相关知识

水的蒸发

蒸发是汽化的一种形式。当水的表面为自由空间时，水表面附近动能较大的分子，克服表面张力分散到自由空间，这种在液体表面进行的汽化过程叫蒸发。用蒸汽加热原料时，水沸腾以前，均为蒸发过程。

与之相反的过程也同时进行，即蒸发时有的分子遇到温度降低的原料，将热能传递给原料，动能降低，或碰撞到液面，变成液体，这一过程叫冷凝。

纸包烤扇贝

菜品类型：头　盘

烹调方法：烤　制

准备时间：约10分钟

烹调时间：约5分钟

原料品种：扇贝肉

菜式风格：京　式

主要厨具：明火烤炉、不煎锅、手铲、切刀、砧板、刷子、吸油纸

成品特点 此菜品色彩金黄艳丽，形态蓬松婀娜多姿，扇贝肉质感细嫩，口味咸鲜清香，外皮口感酥脆。

 原　料

主　料 扇贝200g

配　料 江米纸30g

调　料 白葡萄酒10g　白胡椒粉5g　玉米淀粉20g

蛋黄酱30g　面包糠50g　鸡蛋20g　花生油20g

沙拉酱50g　胡萝卜50g　香菜叶20g

相关知识

浅 烤

浅烤是将进行基础调味已经成熟的半成品再经过覆盖酱汁、涂抹麦芽糖、挂粘面包糠、包裹面皮、酥皮等方法处理之后，在明火烤炉中，烤制至酥脆、上色、增香、定型的一种烤制方法。

制作步骤

1 扇贝肉择洗干净，控净水分。

2 胡萝卜煮熟切碎，香菜叶清洗后控净水分。

3 扇贝肉使用白葡萄酒、白胡椒粉腌制5分钟。

4 扇贝肉均匀滚粘上玉米淀粉后，放入不沾煎锅中使用花生油煎制成熟，均匀上色呈金黄色，取出控油，用吸油纸吸油，拌入蛋黄酱。

5 将扇贝肉涂抹沙拉酱，用江米纸包裹均匀，外面刷上鸡蛋液，裹粘面包糠，放入明火烤炉烤制5分钟

6 取出点缀胡萝卜碎和香菜叶即可。

黄油奶酪烤扇贝

菜品类型：	头 盘
烹调方法：	烤 制
准备时间：	约10分钟
烹调时间：	约10分钟
原料品种：	元 贝
菜式风格：	京 式
主要厨具：	烤箱、手勺、撬刀、切刀、砧板

成品特点 此菜式颜色乳黄，有褐色斑纹，奶酪浓郁的乳香与质感细软、嫩滑、多汁的扇贝在高温中，味道相互融合。

制作步骤

1 将元贝肉用撬刀取下，经过必要的摘洗加工，使用食盐水搓洗后，清水清洗干净，将贝壳洗刷干净、煮制加热后备用，控净水分。

2 贝肉使用白葡萄酒、胡椒粉、食盐腌制10分钟。

3 将黄油切片，将奶酪切碎。

4 贝肉放到洗净的贝壳中，撒上黄油、奶酪碎，放入120℃的烤箱里烤制10分钟，待原料表面上色，形成褐色斑纹即可。

原料

主料	带壳元贝6个
配料	奶酪50g
调料	白葡萄酒20g 黄油30g 食盐20g

胡椒粉20g

相关知识

北京饮食的大熔炉

北京饮食就是个庞大的文化体系，是一个极其复杂、多元的系统文化工程。了解北京饮食并不是一件容易的事情，不是简单的烤鸭、涮羊肉和小吃就能涵盖的。早期北京菜系形成多元文化因素有板块文化受草原饮食文化和华北平原农耕饮食文化的双重影响，具有浓郁的地方风味，以及众多的现代时尚文化、流行文化、国际东西方文化、本土南北文化，相互交织，相互融合。

蒸文蛤豆腐

菜品类型：	头　盘
烹调方法：	蒸　制（低温烹调）
准备时间：	约20分钟
烹调时间：	约20分钟
原料品种：	文　蛤
菜式风格：	京　式
主要厨具：	蒸箱、手铲、切刀、砧板、保鲜膜

成品特点 此菜品文蛤如风帆立在黄色蛋羹中，造型手法巧妙，口味咸鲜清淡，口感细腻、柔软滑嫩。

原　料

主料 带壳文蛤200g

配料 草菇50g　鸡蛋100g　豆浆100g

调料 黄酒50g　白胡椒粉5g　姜汁10g　食盐15g

　　　　醋10g

制作步骤

1 文蛤去壳后，用盐、醋搓洗干净，控净水分。选择漂亮的文蛤壳清洗干净。草菇清洗干净，从中间切块。

2 豆浆烧开后，冷却到60℃，注入鸡蛋液，加入黄酒、白胡椒粉、食盐、姜汁搅拌混合均匀，静置后除去表面的泡沫。

3 深汤盘中放上文蛤肉、草菇，注入豆浆蛋液，封上保鲜膜，浸泡在开水盘子里，采用保温法蒸制加热20分钟。

4 取出盘子插上煮过的文蛤壳点缀装饰即可。

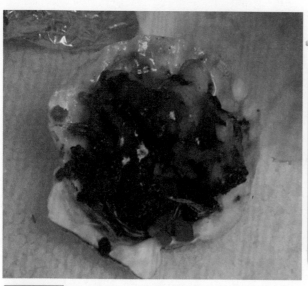

盐烤纸包扇贝

菜品类型：	头 盘
烹调方法：	烤 制
准备时间：	约20分钟
烹调时间：	约20分钟
原料品种：	扇 贝
菜式风格：	京 式
主要厨具：	铁锅、煮锅、手勺、撬刀、砧板、刷子、锡纸、洁布

成品特点 此菜式与盐焗、泥烤等方法一样，利用红外线热传递方式，以及锡纸的良好封闭效果，将食物烹调成熟、散发香味。菜品保持了全而无缺的形态，红润明亮的色泽，扇贝与雪菜的滋味在炽热的烧烤中相互融合，淀粉的糊化锁住了鲜美的汁液，表现出咸鲜清香的自然口味，以及细嫩柔软的温柔口感。

制作步骤

1 将扇贝壳撬开，取下扇贝的闭壳肌和裙边，择洗干净，用食盐搓揉洗去黏液，然后再次清洗干净，控净水分，用洁布沾干水分。选较深且光滑的扇贝壳洗刷干净。腌雪里蕻清洗干净，控净水分后切碎。

2 扇贝肉用海鲜酱油、黄酒、白胡椒粉、姜片、葱段、切碎的腌雪里蕻、红椒粒、绿豆淀粉、花生油搅拌均匀上浆处理。

3 扇贝壳焯水后，用洁布擦拭干净，逐个放上扇贝肉和其他原料并逐个用锡纸包裹严实。

4 用干净铁锅将粗盐炒热，埋入锡纸包裹的扇贝，利用粗盐储热量大的优点将扇贝烤制成熟。

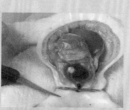

原料

主料	扇贝10个
配料	腌雪里蕻100g
调料	黄酒20g 姜片10g 海鲜酱油10g 葱段10g

白胡椒粉10g 食盐15g 绿豆淀粉10g 花生油20g

红椒粒 粗盐

相关知识

烧烤操作要点

选用新鲜质嫩的原料，原料加工要保持整体形态，或加工成片状、块状等，根据具体的原料和方法灵活掌握火候，烧烤的调味方法要得当。

烧烤肉类食物不要使用食盐和食糖直接腌制，避免原料组织被破坏，造成原料组织汁液流失。

烧烤成品菜肴一般需要配合专用辅助调味酱料。

采用网油包裹的原料需要煎制定形后再放入烤箱烤制。

烤制整条鱼类时，要在鱼鳍上粘上食盐以免焦煳。

【其他类】

抓炒素鱼片

菜品类型：	副 菜
烹调方法：	煸 熘
准备时间：	约5分钟
烹调时间：	约10分钟
原料品种：	虾 片
菜式风格：	京 式
主要厨具：	炸锅、炒锅、手勺、漏勺

成品特点 炸过的脆米片瞬间会在口感上爆发出芳香酥脆，配以酸甜味型糖醋汁犹如荔枝红云，口感口味完美结合，鲜艳红色光明似晚霞红云，给人以良好审美意境。

 原 料

主料 虾片（脆米粉或淀粉）500g

调料 番茄沙司30g 桂花陈酒20g 食盐2g

玉米淀粉20g 花生油500g 冰糖20g 白米醋20g

制作步骤

1 用桂花陈酒加入清水、番茄沙司、食盐、冰糖、白米醋，熬制烧开融合均匀，调理成红色、口味甜酸清香、回味微咸的荔枝味型的酸甜汁，使用玉米淀粉芡增稠备用。糖醋汁中加入适量的食盐，可以提高甜味的呈味程度。

2 用热花生油将脆米粉片迅速炸制膨化酥脆，捞出后控净油脂。

3 炒锅中放入荔枝味型酸甜汁，炒至黏滑，泛起泡沫后放入脆米片，迅速翻炒至酱汁包裹均匀。

相关知识

素斋的流派

　　道家全真派在饮食上以养生、清淡为主，斋食追求的是严格、清净和高雅，也可称为严格素食。其从选择原料上绝对排除肉类、蛋类和小五荤，甚至乳类制品，食物在名称上提倡高雅含蓄。仿真派素食是普通人的追求、讲究食物的味道，用料广泛，不仅可用蛋类，还可用肉汤甚至海参等作为调味料或主料，力求形似逼真，名称可以使用荤名，譬如"烧素鹅""素火腿""红烧排骨""红烧海参""酱牛肉"等。

扒熊掌豆腐

菜品类型：	副 菜
烹调方法：	低温蒸制
准备时间：	约40分钟
烹调时间：	约10分钟
原料品种：	豆制品和烤紫菜
菜式风格：	京 式
主要厨具：	蒸锅、炒锅、煎锅、切刀、砧板、保鲜盒

成品特点　豆腐形态饱满、色泽金黄鲜艳、黑白色泽分明、口味海藻鲜味浓郁、咸鲜清香、口感软嫩细腻。豆腐平淡无奇、淡而无味，与紫菜、鸡蛋、蘑菇味道的融合，才使菜品内在品质得到升华。

制作步骤

1　鸡蛋液加入浓鸡汁均匀打散成液体与烧开的豆浆按1：1的比例慢慢搅拌混合，盛入方形保鲜盒容器，厚度25厘米，加盖密封。

2　用90℃温度缓缓蒸制30分钟液体定型成豆腐，冷却后轻轻取出。

3　将玉米笋、小油菜用水洗净，小油菜包裹玉米笋做成小玉米配菜。

4　葱丝、姜丝用花生油爆香，煸炒杏鲍菇丝。

5　使用蚝油汁、食盐、玉米淀粉、香油烧制调味增稠做成咸鲜芳香红润的酱汁。

6　豆腐擦干表面水分用油煎至金黄色泽，将一面粘贴上烤紫菜。

7　餐盘中杏鲍菇丝配菜垫底，上面放豆腐和小玉米笋，浇淋酱汁点缀装饰调味。

原 料

主料	豆浆300g

配料　烤紫菜50g　玉米笋100g　小油菜100g
鸡蛋300g　杏鲍菇丝100g

调料　浓鸡汁200g　香油20g　玉米淀粉30g
食盐10g　花生油100g　耗油汁30g　葱丝　姜丝

相关知识

扒 制
　"扒"是北方代表传统烹调技法，将初步加工处理好的原料改刀成形，整齐地摆入勺内或摆成图案，加适量的汤汁和调味品慢火加热成熟，将完整面朝上拖倒入盘内的方法称为"扒"。
　从菜肴造型来划分，分为勺内扒和勺外扒两种。
　根据调料和颜色不同，"扒"分红扒、白扒、葱扒、奶油扒、鸡油扒和蚝油扒。

白灼丝瓜藤

菜品类型：副 菜

烹调方法：煮 制

准备时间：约10分钟

烹调时间：约3分钟

原料品种：丝瓜藤

菜式风格：粤 式

主要厨具：煮锅、炒锅、手勺、切刀、砧板、漏勺

成品特点 丝瓜藤色泽碧绿喜人，口感细嫩爽脆，口味咸鲜清香、和谐微甜，清淡的口味保持了原料良好的自然品质。

原 料

主 料 丝瓜藤300g

配 料 红椒丝50g 细葱丝20g

调 料 生抽20g 白糖10g 香油5g 食盐20g
胡椒粉5g 花生油20g

制作步骤

1 将丝瓜藤嫩尖择洗干净，控净水分。
2 将生抽、白糖、胡椒粉调成咸鲜微甜的调味汁。
3 清水锅烧开，将丝瓜藤迅速烫制成翠绿色，捞及时出控净水分，在餐盘中央堆积成方山形，顶端放上细葱丝、红椒丝，调理装饰。
4 将花生油、香油烧热后，浇淋细葱丝、红椒丝，激发出香气。

相关知识

白 灼

白灼是最大限度地保持原料美、鲜、爽、嫩、脆、滑等自然特殊质地的烹调手法之一。以滚动煮沸的清水或鲜汤，将生鲜的原料瞬间烫制成熟，控净水分，配合蘸料食用。

白灼的方法大致分为两类，一类是"原质"灼法，另一类是"变质"灼法。"原质"灼法，物料能保持原有鲜味；"变质"灼法，务求爽口，灼前要对物

料加工处理，腌制使其变爽，然后才灼，螺片、鹅肠、猪腰等常用此法烹制。

豉酥鲮鱼蒸茄盒

菜品类型：副　菜
烹调方法：蒸　馏
准备时间：约20分钟
烹调时间：约10分钟
原料品种：圆　茄
菜式风格：京　式
主要厨具：炸锅、煎锅、手勺、漏勺、切刀、砧板、粉碎机、吸油纸

成品特点 此菜品口感外脆里嫩，古老神奇的豆豉与浓厚鲮鱼为平淡无味的茄子赋予了浓厚的鲜香味道，酱汁明亮红润，颜色像琥珀晶莹剔透。

制作步骤

1 将圆茄清洗干净，带皮切成0.6厘米厚、直径为4厘米的圆片。罐装鲮鱼取出与榨菜、生姜、大蒜和湿豆豉加工粉碎。

2 将茄子分两面用花生油直接煎制加热至成熟，放上鲮鱼、榨菜碎，盖上另一片煎好的茄子，滚沾面粉后挂粘鸡蛋粉糊（鸡蛋、泡打粉、面粉和水），炸制至定型、金黄。

3 将炸好的茄子捞出控去炸油，用吸油纸吸多余油脂，摆放在餐盘中。

4 鲮鱼、榨菜和豆豉放入锅中一同炒香，烹入黄酒，加入酱油、清水调制咸鲜清香，用淀粉勾芡增稠，将酱汁浇淋在茄子的上面。也可将酱汁铺在下面，上面放上炸好的茄盒。

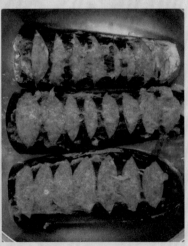

原料

主料	圆茄500g
配料	罐装鲮鱼50g　榨菜20g
调料	鸡蛋50g　泡打粉20g　面粉20g　湿豆豉30g 花生油500g　黄酒30g　酱油20g　淀粉30g　生姜20g 大蒜20g

相关知识

舌头的味觉分布

舌头一项重要的功用就是分泌唾液品尝食物，舌头上的味蕾可以感觉到各种味道，只是有不同的敏感度。有些味蕾对甜的味道的敏感度比较大，这些味蕾主要分布在舌头的前部；有些味蕾对苦的味道的敏感度比较大，这些味蕾主要分布在舌头的后部。但是，味蕾也会受骗，有时感受到的味道并不是真正味道。

新的研究认为，味蕾分布在整个舌头，味蕾包含了能感受各种不同味道的味觉细胞，而每一个细胞则只负责辨别一种味道。而味蕾则分布于整个舌头，舌头的每一部分都能辨别各种基本味道。

红扒素海参鲍鱼

菜品类型：	主 菜
烹调方法：	煮 制
准备时间：	约10分钟
烹调时间：	约20分钟
原料品种：	素海参、素鲍鱼
菜式风格：	京 式
主要厨具：	煮锅、炒锅、手勺、切刀、砧板、漏勺、过滤筛

成品特点 此菜属素菜仿真菜式，整体布局协调，体现出天人合一思想。菜品颜色红润晶莹，气味自然纯正芳香，味道咸鲜清淡，口感柔软光滑细腻。

原 料

主料	素海参300g 素鲍鱼500g
配料	油菜心400g
调料	酱油100g 白糖10g 香油50g 食盐5g 土豆淀粉30g 花生油30g

制作步骤

1 将油菜心择洗干净，控净水分，焯水后过凉备用。

2 素鲍鱼、素海参清洗干净，焯水后控净水分。

3 用花生油将白糖煸炒成色泽红亮、香气宜人的焦糖，加入开水、酱油、食盐、白糖调理好酱汁的颜色、口味和数量，放入素鲍鱼、素海参后加盖烧制10分钟。

4 油菜心素烧后淀粉勾芡增稠。

5 将素海参摆放在餐盘中央并围上油菜心，再成放射状在海参四周摆放素鲍鱼。

6 酱汁过滤后加热用水淀粉勾芡进行增稠处理，淋入香油，均匀浇淋在素海参和素鲍鱼上面。

相关知识

道家素食观

"荤"本义是不良的气味，譬如臭味、怪味、刺激气味等，主要是指含有刺激性气味的蔬菜，譬如葱、姜、蒜、辣椒、韭菜、芥末等之类辛辣气味食物。"腥"原本是指带有血腥气味的动物肉食。

全真派认为饮食"重清素、戒杀生"，不沾荤腥，注重三厌（天厌雁、地厌犬、水犬鱼鸟）和五禁（韭、薤、蒜、芸苔、胡荽），要求"荤酒回避，斋戒临坛"。第一戒不得杀生；第二戒不得荤酒。为了持此二戒，所以必须食素。认为一切众生，含气以生，翾飞蠕动之类，皆不得杀。蠕动之类无不乐生，自蚊蚁蜓蚰咸知避死。因此，应戒杀。戒荤就是戒杀的延伸。

正一派强调饮食"天地万物，为我所用"，重视饮食养生，讲究药膳与食疗。平时不能食用牛肉、狗肉、蛇肉、乌龟、甲鱼、鸽子、无鳞的鱼类水产，不吃有灵性动物肉食，正一道士平日可以吃荤，惟逢斋必须吃素，因此，在香期内入正一道观，也不能带放荤菜。

清汤菊花豆腐

菜品类型：热头菜
烹调方法：氽 制
准备时间：约20分钟
烹调时间：约10分钟
原料品种：琼脂豆腐
菜式风格：京 式
主要厨具：煮锅、手勺、切刀、砧板、圆形戳刀、十字花刀

成品特点 此菜汤质清澈光洁，汤色淡黄，口味咸鲜清香醇厚，洁白如玉，丝条均匀舒展如绽放白菊。

制作步骤

1 琼脂豆腐放入加有食盐的水锅中进行焯水硬化热处理，取出冷却后戳刀修为直径3厘米、高3厘米的圆柱形。

2 用戳刀将冬瓜修为直径3厘米、高3厘米的空桶形。

3 圆柱形豆腐镶入冬瓜空桶中定型后，用十字花刀切成0.2厘米丝条状，一端相连呈菊花形。

4 鸡清汤烧开，撇掉上面的浮沫，加入食盐、黄酒调理口味后，轻轻注入汤碗中，轻轻放入菊花豆腐，摆放成绽放的菊花形。

5 汤碗加盖后蒸制5分钟。

原料

主料 琼脂豆腐100g

调料 鸡清汤300g 玉米淀粉20g 食盐20g

黄酒10g

相关知识

刀功的作用
　　刀功是厨师多年修炼的功底，它是经验、技巧、力量、智慧和想象力的融合。刀下生辉，不仅可以便于食用、便于烹制加热、便于调理滋味，更能够达到美化原料、减轻工作强度、提高工作效率的境界。刀功不是简单的刀工，而是一丝不苟严谨的态度，态度决定一切。

口袋豆腐扒猴头菇

菜品类型：	主 菜
烹调方法：	扒 制
准备时间：	约15分钟
烹调时间：	约20分钟
原料品种：	油豆腐
菜式风格：	京 式
主要厨具：	蒸锅、炒锅、手勺、漏勺、
小扣碗	

成品特点 此菜式造型整齐，形态逼真，色彩艳丽、盛装丰满，芡汁明亮，口感柔软。浓厚自然的韵味，藏而不露的包容含蓄，体现出芡汁增稠的技巧和深厚的功底。

 **原 料**

主 料 油豆腐400g

配 料 猴头蘑400g 腌雪里蕻50g 鲜香菇200g

调 料 酱油20g 生姜10g 大葱10g 蚝油20g
黄酒20g 玉米淀粉20g 食盐5g 鸡清汤50g

制作步骤

1 油豆腐浸泡清洗后焯水，轻轻挤压出水分后备用，将猴头蘑切片焯水后轻轻挤压出水分后备用。

2 将猴头蘑片用小扣碗码放定型，加入鸡清汤、食盐、黄酒蒸10分钟。鲜香菇切粒，用生姜粒、大葱花加入蚝油、酱油煸炒，做成咸鲜清香的馅料。

3 香菇馅料填入布袋豆腐中，用腌制的腌雪里蕻捆扎成饱满的口袋形，加入黄酒、食盐蒸制5分钟。

4 将猴头蘑片滤除汤汁放入餐盘中央，布袋豆腐滤除水分汤汁呈放射形摆放。

5 炒锅放入滤出的汤汁，经过澄清过滤，加入酱油、蚝油调理口味，用玉米淀粉勾芡增稠后浇淋在猴头蘑上面。布袋豆腐滤除水分汤汁澄清过滤，加入食盐调理口味，再用玉米淀粉勾芡增稠后浇淋在豆腐上。

相关知识

菜品创新方法

　　菜品创新方法主要有原料拓新、技法试新、口味翻新、组合出新、突出主题。优良的传统经典菜式是一个地方、一个流派的血脉，凝结着许多厨师多年完善、传承、发扬、光大的创新智慧。乔布斯名言：活着就为改变世界。你如果出色地完成了某件事，那你应该再做一些其他的精彩事儿，不要在前一件事上徘徊太久，想想接下来该做什么。

香煎鲜虾豆腐盒

菜品类型：	副 菜
烹调方法：	煎 制
准备时间：	约30分钟
烹调时间：	约20分钟
原料品种：	韧豆腐
菜式风格：	鲁 式
主要厨具：	煎锅、蒸锅、切刀、砧板、漏勺、粉碎机、煎铲、吸油纸

成品特点 此菜继承了传统菜式精髓。形体完整饱满，金色灿烂的色泽，鸡蛋和鲜虾的香气，外皮柔韧的口感，细嫩的鲜虾与劲道的韧豆腐，滋味协调，内外结合给豆腐增添了高雅品位和气质，化平淡为美味。

制作步骤

1. 韧豆腐片切成厚度0.5厘米，5厘米长，4厘米宽的长方片。鸡蛋液打散，放入食盐、胡椒粉、黄酒液调和滋味。
2. 虾肉用粉碎机绞碎成蓉泥，调入黄酒、食盐、鸡蛋清、胡椒粉、玉米淀粉上劲后，加入荸荠做成馅料。
3. 豆腐片拍上薄薄一层玉米淀粉，抹上0.5厘米厚度的虾馅，在上面盖上一片豆腐，将边缘抹平整，做成长方形豆腐块。
4. 放入蒸锅内蒸5分钟，将豆腐中的虾馅蒸熟。
5. 豆腐块拍上薄薄一层玉米淀粉，拖粘上鸡蛋液，放入煎锅内的花生油中，小火煎制成金黄颜色的外皮，取出控油后，用吸油纸吸取多余油脂，捆扎上细香葱装饰。
6. 将豆腐放在餐盘中央，点缀上西红柿片即可。

原 料

主 料 韧豆腐300g

配 料 西红柿300g 荸荠50g 虾肉100g

细香葱50g

调 料 黄酒100g 鸡蛋200g 胡椒粉10g

花生油50g 玉米淀粉50g 食盐10g

相关知识

蛋白质凝固

物质从液态转变为固态的过程叫凝固。

蛋白质遇到受热、冷却、碱性物质、酸性物质、电解质、活性酶等都会引起变性凝固。

蛋白质被加热到50℃时，开始发生变性凝固而形成较强的弹性。属于蛋白质的变性凝固有松花蛋利用碱性作用使蛋白质发生变性凝固，酸奶浓稠度来自于酸性作用形成的凝固，制作豆腐添加葡萄糖酸钙等电解质（钙离子促使蛋白质能够）形成的凝固，豆腐利用酸浆、卤水（氯化镁）、石膏（硫酸钙）形成的凝固，血豆腐利用食盐的作用，动物性馅胶加食盐搅拌后筋力增强，奶酪中酪蛋白在酶的作用下发生凝固，面条经过水煮加热筋力增强等。

蛋白质凝固产生一定筋力，形成稳定的保护结构，烹调中被广泛使用。

麻婆豆腐

菜品类型：饭 菜
烹调方法：烧 制
准备时间：约20分钟
烹调时间：约10分钟
原料品种：南豆腐
菜式风格：川 式
主要厨具：炒锅、手铲、切刀、砧板、漏勺、粉碎机

成品特点 豆腐形体方方正正，豆腐与酱汁融为一体，口感细腻光滑鲜嫩炽热滚烫，牛肉酥脆柔韧，口味浓香辣麻咸鲜，回味微甜，调味酱汁颜色红润明亮，有少量油脂析出，调味酱汁较为黏稠。

原料

主料 南豆腐300g

配料 牛肉末30g 细香葱20g

调料 黄酒20g 酱油20g 白糖20g 土豆淀粉20g
食盐10g 花椒粉10g 豆瓣辣酱50g 豆豉20g 大葱10g
花生油20g 大蒜10g 生姜10g 牛肉清汤300g

相关知识

烧的类型
"烧"是一般情况是采用慢火以汤汁水分为媒介进行较长时间加热和绵水、油炸制热处理相结合的烹调方法。

根据调味原料、成品的颜色、芡汁数量的不同，烧制可以分红烧、黄烧、白烧、葱烧、蒜烧、酱烧、锅烧、干烧等。锅烧字面与实际意思差别很大，则是采用蒸炸组合的方法。许多方法在传承过程，经历了发展、改进、淘汰、融合、借鉴、变异、简化等。

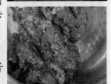

麻婆豆腐菜式属于酱烧、红烧组合。

制作步骤

1. 细香葱顶刀切成细小的粒形。
2. 控净血水的牛肉末，煸炒脱水香酥，取出备用。
3. 南豆腐清洗干净，切成1.6厘米见方的块状，浸泡在冰冷的水中，防止形体挤压破损。豆腐焯水清除豆腥和酸味，漂洗干净，浸泡存放。

4. 豆瓣辣酱与黄酒、豆豉、大蒜、生姜、大葱、酱油、食盐、白糖混合粉碎研磨致细，加工成为红色辣酱。
5. 先用花生油将辣酱轻轻煸炒，再与牛肉末一同炒香，煸炒融出红油，透出香气，加入牛肉清汤，烧开，调理好汤汁数量、颜色和口味，加入豆腐，用小火加盖焖烧5分钟。
6. 边晃动炒锅边淋入水淀粉，轻轻搅动增稠，使粘稠汤汁与豆腐融为一体。

7. 选用有边沿深盘，盛入豆腐，上面撒上花椒粉，再撒上细香葱或调味点缀装饰。

干烧冬笋

菜品类型：	副 菜
烹调方法：	炸 制
准备时间：	约10分钟
烹调时间：	约20分钟
原料品种：	冬 笋
菜式风格：	京 式
主要厨具：	炸锅、炒锅、漏勺、炒锅、切刀、砧板、吸油纸

成品特点 碧绿的雪菜，晶莹剔透，金黄的冬笋，咸鲜浓郁，鲜嫩香脆，干爽利落，滋味彼此配合得异常鲜美。

制作步骤

1 选择腌雪里蕻叶子浸泡清除部分盐分，挤干水分切成段。

2 冬笋片除外表硬皮，切成滚刀块，焯水清洗干净。

3 炒锅放入花生油将葱段、姜片煸炒出香气，烹入黄酒，加入酱油、食盐、白糖和清水，放入冬笋块烧开后小火焖烧制10分钟，呈金黄色和咸鲜的口味。

4 冬笋控净水分，放入热油中再次炸至金黄色，外表酥脆，用吸油纸吸取多余油脂。

5 雪里蕻叶子放入热油中炸至碧绿黄色，质感酥脆，用吸油纸吸取多余油脂。

6 出锅装在餐盘中央，堆积成山形即可。

🧺 原 料

主 料	冬笋200g			
配 料	腌雪里蕻叶子50g			
调 料	葱段20g	姜片20g	酱油20g	黄酒10g

食盐5g 白糖5g 花生油500g

相关知识

干 烧

干烧的方法因为地域文化的不同，而截然不同。

先炸后烧法：主料经过油炸使表层脱水干燥，炝锅加调辅料添汤，经小火烧制，使汤汁浸入主料内或蒸发收汁。成品中只见亮油而不见汤汁的烹调方法，属四川传统方法。

先烧后炸法：炝锅加调辅料添汤烧制主料，经小火使汤汁滋味浸入主料内，控净汤汁，主料再经过油炸使表层脱水干燥，属北方传统方法。

面包豌豆蓉泥汤

| 菜品类型：头 盘 |
| 烹调方法：烩 制 |
| 准备时间：约10分钟 |
| 烹调时间：约10分钟 |
| 原料品种：绿豌豆 |
| 菜式风格：法 式 |
| 主要厨具：煮锅、炒锅、烤箱、汤勺、切刀、砧板、搅拌粉碎机、过滤网 |

成品特点 此汤色泽碧绿诱人，金黄色面包点缀其中，汤汁口感细致黏稠浓厚芳香，味道清新咸鲜，与烤面包的酥脆形成强烈口感对比。

原料

主 料 绿豌豆200g

配 料 浓鸡汤200g 咸面包片40g

调 料 干白葡萄酒30g 淡奶油20g 食盐5g
胡椒粉5g 黄油20g 小葱头20g 面粉20g

制作步骤

1 咸面包片涂抹黄油后切丁，烤成酥脆芳香的金黄色。

2 在炒锅中用黄油将切碎的小葱头煸炒爆香，加入面粉轻轻炒香，再加入绿豌豆，烹入干白葡萄酒，冲入过滤的鸡汤，煮制片刻。

3 放入粉碎机一同粉碎成蓉泥状，过滤之后，倒入煮锅中，加入食盐、胡椒粉调理好口味。

4 将汤汁盛入汤盘中，浇淋上淡奶油，汤面上放上烤面包丁漂浮点缀即可。

相关知识

汤汁增稠处理

冬季里调制细腻、黏稠、有浮力、保温性能好的蓉泥汤、浓汤等总是离不开增稠处理。汤汁增稠处理的方法，在烹调过程中有淀粉糊化增稠、面粉糊化增稠、油脂乳化增稠、蛋白质胶体增稠。蔬菜类有菠菜蓉泥、土豆蓉泥、绿菜花蓉泥、蘑菇蓉泥汤、南瓜蓉泥汤，豆类有红小豆蓉泥、蚕豆蓉泥、绿豌豆蓉泥等。

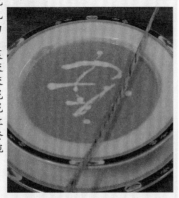

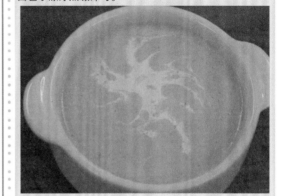

红花温泉蒸乳蛋

菜品类型：头 盘	
烹调方法：低温慢蒸	
准备时间：约10分钟	
烹调时间：约30分钟	
原料品种：鸡蛋和牛奶	
菜式风格：京 式	
主要厨具：蒸锅、蒸罐、切刀、砧板、汤罐、滤筛	

成品特点 凝固菜式、固体汤羹，乳蛋形态完整、色泽淡黄、口味咸鲜、乳香浓郁，口感软嫩细腻像丝一样光滑，紧密富有弹性，蘑菇脆嫩鲜美，是一道将双皮奶、鸡蛋羹做法与蘑菇结合，牛奶乳香与蘑菇鲜美融合的菜品。

制作步骤

1 清洗干净杏鲍菇顺纵向切成长牛舌片，放入蒸罐中。红花用冷水浸泡。

2 鸡蛋加入浓鸡汁、食盐、玉米淀粉均匀打散成液体，与烧开的牛奶按1:1的比例慢慢搅拌混合，用滤筛过滤蛋液后轻轻注入蒸罐中，去掉蛋液表面的漂浮泡沫，将红花放在表面，加盖密封，浸泡到开水盆中。

3 在80℃温度下缓缓蒸制30分钟，蛋液凝固定型成细腻软嫩的豆腐形状，轻轻的取出。

原 料

主料	鸡蛋100g
配料	牛奶100g 杏鲍菇50g
调料	浓鸡汁20g 玉米淀粉10g 红花5g

食盐5g

相关知识

制作蛋羹的学问

气泡是决定鸡蛋羹成败的关键，如何避免气泡的生成，如何控制降低气泡张力对平面的冲击力，也是科学。

鸡蛋液中尤其是蛋清中的蛋白质分子结构特别喜欢充斥气体而膨胀，搅拌过程会使气体与蛋白结合，通过细罗筛可以滤掉气泡。

冷水中含有气泡，开水中没有气泡，所以要选冷开水或温开水，也可以选开水。

蒸汽加热过程中可加盖或用薄膜、锡纸封闭，可以避免气泡的生成。

温度过高、时间过快会促使蛋液中的水分迅速膨胀产生气泡，所以需要低温长时间慢蒸。

瓠豆腐盒

菜品类型：	副 菜
烹调方法：	蒸 制
准备时间：	约20分钟
烹调时间：	约10分钟
原料品种：	韧豆腐
菜式风格：	京 式
主要厨具：	炸锅、蒸锅、手铲、切刀、砧板、漏勺、吸油纸、戳刀

成品特点 此菜式豆腐完整，颜色金黄，酱汁明亮金黄，豆腐和馅心口感鲜嫩、柔软爽脆，口味咸鲜清香。

原料

主料 韧豆腐200g

配料 瘦肉馅50g 鲜荸荠20g

调料 食盐10g 黄酒20g 胡椒粉10g 姜汁20g
花生油20g 香油10g 鸡蛋80g 面粉50g 蛋黄酱100g
大蒜

相关知识

跨境界菜式

跨境菜式设计也叫跨界菜式设计，即不同国家地方民族的菜式优势基因食材、香料和烹饪技术，加以创新性地、借鉴、改良、融合、应用。基本精神就是设计多元文化，博

采众长，融会贯通，运用多种手法，塑造菜品魅力。设计菜品需要厨师与生俱来地拥有不同于常人的创意思维，这样才会使饮食生活越来越有趣。

制作步骤

1 鲜荸荠去皮清洗干净拍碎，瘦肉馅加入蛋清、大葱碎、胡椒粉、姜汁、黄酒、食盐搅拌上劲后混合荸荠，加入香油，调成馅料。

2 韧豆腐焯水擦干水分，切成0.6厘米厚、6厘米长、3厘米宽的长圆形块状。

3 沾上面粉，瓠上瘦肉馅，盖上另一片沾面粉的豆腐片后，边缘抹平滑。

4 豆腐盒挂粘面粉、拖粘鸡蛋液后，放入油中炸制上色定型，控油后再用吸油纸吸油。

5 豆腐盒排列在盘中蒸制加热10分钟。

6 将蛋黄酱加入新鲜的蛋黄调制黏稠融和，铺在盘底，上面摆放上豆腐盒即可。

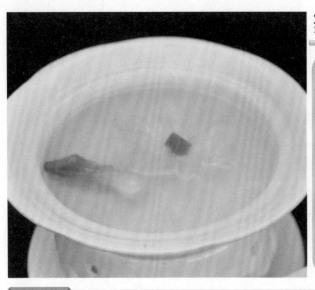

菊花冬瓜燕

菜品类型：热头盘	
烹调方法：氽 制	
准备时间：约20分钟	
烹调时间：约10分钟	
原料品种：冬 瓜	
菜式风格：京 式	
主要厨具：煮锅、手勺、漏勺、切刀、砧板、圆形戳刀、十字花刀	

成品特点 此菜汤质清澈光洁，汤色淡黄，朦胧中透出色彩，口味咸鲜、清香醇厚，冬瓜晶莹细腻光滑。

制作步骤

1 用圆形戳刀将冬瓜修整成直径为3厘米、高为3厘米的圆柱形体，用十字花刀切成0.2厘米、一端相连呈菊花形的延条状。

2 将菊花形冬瓜丝均匀地粘上一层薄薄的玉米淀粉，抖动成散开花型，放入开水锅中氽熟，油菜心也放入煮锅中氽熟，捞出控净水分后将油菜心和菊花形冬瓜丝放入汤碗中。

3 鸡清汤烧开清理撇掉上面的浮沫，加入食盐、黄酒调理口味后，轻轻注入汤碗中。

原料

主 料	冬瓜100g	
配 料	油菜心40g	
调 料	鸡清汤300g	玉米淀粉20g 食盐20g
	黄酒30g	

相关知识

氽 制

氽制，有的地方叫"川"，与煮制方法相似，氽主要是以香浓的汤汁或水作为加热媒介，采用中高温火力进行较短时间加热的烹调方法，氽是制作汤类菜肴的方法。氽制方法的代表菜例有鲜笋上汤氽螺片、竹荪氽鸡片清汤、上汤氽龙虾、火腿浓汤氽肉丸、清汤榨菜氽鱼片、茉莉花鸡片汤、香茜皮蛋鱼片汤、珍珠鱼丸清汤、清汤鸡豆花等。

酥炸香椿芽

菜品类型：副 菜

烹调方法：酥 炸

准备时间：约5分钟

烹调时间：约5分钟

原料品种：香椿芽

菜式风格：京 式

主要厨具：炸锅、手勺、切刀、砧板、竹筷子、漏勺、吸油纸

成品特点 香椿芽色泽碧绿，炸后形态饱满蓬松充满张力，口感酥脆芳香，口味咸鲜清香。

原 料

主 料　香椿芽200g

调 料　面粉10g 玉米淀粉20g 泡打粉5g 食盐5g
胡椒粉5g 花生油500g

相关知识

香脆炸粉

　　香脆炸粉是用低筋面粉、玉米淀粉、泡打粉、米粉、食盐混合调制的调料。
　　使用时加清水将蛋黄调和成糊状。
　　油炸时，挂粘的糊层越薄，质感越脆、越透明。

制作步骤

1 新鲜香椿芽摘洗加工干净，控净水分。

2 使用玉米淀粉、面粉、鸡蛋黄、泡打粉、食盐、胡椒粉、植物油等混合调制成酥炸糊。

3 将香椿芽表面水分沾干，分别逐个均匀挂粘面粉之后再均匀粘挂薄薄酥炸糊。

4 炸油烧至五六成热，将挂好酥炸糊的香椿芽轻轻地分散入花生油中，迅速炸制成熟、酥脆、金黄色之后，倒入漏勺中沥净油脂，使用吸油纸吸取部分油脂。

5 将炸制后的香椿芽堆放成塔形即可。

开水白菜

菜品类型：	热头盘
烹调方法：	汆 制
准备时间：	约50分钟
烹调时间：	约5分钟
原料品种：	白菜心与鸡肉组合
菜式风格：	川 式
主要厨具：	煮锅、切刀、砧板、手勺、粉碎机、过滤网、纱布

成品特点 菜式汤汁色泽清澈，白菜洁白如玉，一清二白巧妙配合，口味清淡鲜咸清香，汤汁清爽、白菜口感脆嫩。

制作步骤

1 老母鸡肉浸泡清洗干净与大葱、生姜、黄酒粉碎，加入食盐，调制成蓉泥。

2 将鸡肉蓉泥放入到冷却的普通鸡清汤中，搅拌分散充分澥开，放入白胡椒粒，大火力烧开汤汁，迅速撇条浮沫，加盖改成小火保温加热50分钟，让鸡肉中的营养和鲜美的可溶物质充分释放出来。

3 白菜心加工去帮叶留用嫩心，根部相连，修整成整棵的小菜心，开水锅中焯水后冷却，轻轻地挤压后，沥干水分。

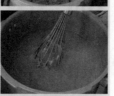

4 轻轻地将汤汁用过滤网、

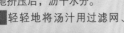

纱布进行过滤，保温静置20分钟沉淀澄清净化处理。

5 将小菜心舒展开放在每个汤盅里，逐个注入清汤。

原料

主 料	白菜心300g
调 料	黄酒30g 食盐10g 普通鸡清汤1 000g

生姜50g 大葱20g 白胡椒粒20g 老母鸡肉200g

嗅觉味觉协同工作 相关知识

味觉是食物在人口腔内对味觉器官化学感受系统的刺激并产生的一种感觉。基本味觉：酸、甜、苦、咸、鲜，它们是食物直接刺激味蕾产生的。味觉中，人对咸味的感觉最快，对苦味感觉最慢，在敏感度上，苦味比其他味觉都敏感，更容易被觉察。鲜味是通过刺激舌头味蕾上特定的味觉受体形成的。

嗅觉是一种由嗅神经系统和鼻三叉神经系统参与形成。

嗅觉和味觉会整合和互相作用以及协同活动，对不同的食物做出不同的反应。

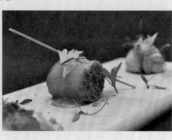

香煎培根韧豆腐

菜品类型：	饭　菜
烹调方法：	煎　制
准备时间：	约20分钟
烹调时间：	约10分钟
原料品种：	韧豆腐
菜式风格：	京　式
主要厨具：	煎锅、手铲、切刀、砧板、漏勺、吸油纸

成品特点 此菜式豆腐形体方方正正，完整无破碎，黄绿相间，对比强烈，口感干爽柔韧筋道有咬劲，味道鲜香浓厚。

原 料

主料	韧豆腐300g
配料	烤培根100g　细香葱30g
调料	食盐10g　花生油20g　鸡蛋100g

面粉50g　蚝油汁100g　玉米淀粉20g

制作步骤

1 细香葱清洗后整个加盐腌制脱水备用。烤制的培根切碎备用。

2 韧豆腐清洗干净，焯水后漂洗干净，擦干水分，切成0.6厘米厚、4厘米宽、5厘米长的片状。

3 豆腐片上放上培根碎，盖上另一块豆腐，一起挂粘薄薄一层面粉，拖粘鸡蛋液后，放入煎锅中两面煎至成熟、上色、定型，控油后再用吸油纸吸油。

4 将豆腐用细香葱呈十字捆扎起来。

5 蚝油汁炒黏，加入食盐、玉米淀粉调理好滋味，铺在盘底，上面摆放上豆腐块即可。

相关知识

豆腐的主要品种

豆腐主要有韧豆腐、卤水豆腐（习惯叫北豆腐，比较硬，有卤水味）、石膏豆腐（也叫南豆腐）、酸浆豆腐、内酯豆腐（葡萄糖酸内酯凝结的豆腐）、鸡蛋豆腐、琼脂豆腐。韧豆腐是在制作豆腐的脱水过程中，经过重压脱水后，形成了质感柔韧、有咬劲的品种。市场上主要是葡萄糖内酯豆腐，质地洁白细嫩，无用卤水或石膏所具有的苦涩味，无蛋白质流失，出豆腐率高且使用方便。

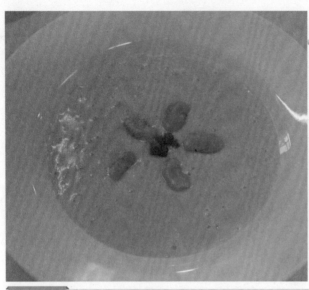

泡泡蚕豆蓉泥羹

菜品类型：	头 盘
烹调方法：	烩 炒
准备时间：	约20分钟
烹调时间：	约20分钟
原料品种：	绿蚕豆
菜式风格：	京 式
主要厨具：	煮锅、炒锅、手勺、切刀、砧板、漏勺、洁布、滤网、蛋抽子、搅拌器、充气泵

成品特点 此菜式设计时尚现代，色泽淡绿，就像春天总是给人一种生机盎然的感觉，汤面泡沫密集，蚕豆汤汁味道清新淡雅，汤汁黏滑挂杯，回味悠长香醇。

制作步骤

1 炒锅放黄油熔化将面粉炒至金黄色后，冲入热牛奶，加入白葡萄酒、食盐、姜汁迅速搅拌均匀至细腻黏滑的奶油浓汤。

2 绿蚕豆煮熟加纯净水粉碎成蓉泥状，与奶油汤混合充分。

3 调理好奶油浓汤的口味、颜色和黏稠度，冷却到50℃放入大豆卵磷脂，用搅拌器抽打产生泡沫或采用充气泵填充产生泡沫后，及时盛入汤盘里，点缀装饰即可。

原 料

主 料 绿蚕豆100g

调 料 大豆卵磷脂3g 白葡萄酒30g 黄油30g
牛奶200g 面粉20g 纯净水200g 姜汁10g
食盐5g

炸茴香素丸子

菜品类型：	副 菜
烹调方法：	炸 制
准备时间：	约20分钟
烹调时间：	约5分钟
原料品种：	茴 香
菜式风格：	京 式
主要厨具：	炸锅、手勺、漏勺、吸油纸、切刀、砧板

成品特点 此菜式形体圆润蓬松，色泽碧绿，给人以愉悦。咸鲜清香的口味，清爽酥脆的口感，赋予菜品生命活力，令人回味。

原 料

主 料	茴香400g
调 料	玉米淀粉30g 面粉80g 鸡蛋黄30g
	花生油1 000g 泡打粉5g 食盐5g

制作步骤

1 茴香清洗干净、控净水分之后切碎。

2 拌入玉米淀粉、面粉（熟粉）、鸡蛋黄、食盐、泡打粉搅拌均匀。

3 轻轻地团制成圆球状。

4 放入140℃花生油中，在不停地翻动中，用低温炸至蓬松、成熟、碧绿，捞起控油。

5 放入160℃油中复炸外表硬化，再次捞起控油，用吸油纸吸油。

相关知识

素斋与素食的区别

严格来讲"素斋"和"素食"是有区别的。素食既泛指普通人日常饮食中的非动物性食物，也特指道教在练功期间的饮膳食物。素斋特指虔诚佛家弟子特殊的修行，"斋"是佛家弟子在中午以前所进用的食物，除不许吃动物性食物外，还包括所谓的"五荤"或"五辛"，泛指含有辛辣异味的蔬菜和调料，譬如大蒜、洋葱、生姜、大葱、韭菜、芥菜、芥末等荤腥食物。

脆炸紫苏叶

菜品类型：	副 盘
烹调方法：	炸 炒
准备时间：	约15分钟
烹调时间：	约5分钟
原料品种：	紫苏叶
菜式风格：	京 式
主要厨具：	炸锅、手勺、漏勺、吸油纸、洁布、细筛

成品特点 此菜式继承了京派传统做法，色泽金黄透绿、可爱喜人，炸后的叶子有着更加纯朴芳香的气息，外表酥脆，内部软嫩，刚柔结合，相得益彰。

制作步骤

1 选用鲜嫩的紫苏叶清洗干净，用布擦干表面水分。

2 将低筋面粉、食盐、玉米淀粉与泡打粉一起过筛混合，加入55克的冰水和鸡蛋黄一个，调制成细腻有黏度的脆炸粉浆，加入花生油。

3 当炸油温度达150℃时，逐片叶子拍粘上薄薄一层面粉，整个叶子粘上粉浆，放入油中迅速翻滚炸至成熟、金黄、膨胀、酥脆，迅速捞起控油，再用吸油纸吸油。此菜品一般作为茶食、酒菜、休闲菜式。

原 料

主 料	紫苏叶100g
调料	玉米淀粉50g　低筋面粉50g　鸡蛋黄20g

食盐3g　泡打粉3g　花生油500g

脆浆炸 相关知识

脆浆炸是目前广为流行的烹调方法，主要利用脆炸粉浆在高温油中淀粉糊化、蓬松脱水的特点，既能形成强烈的酥脆质感，又能形成膨胀丰满的体形。制作的关键在脆炸粉浆的原料选择、调制方法。脆炸粉浆的类型很多，有面粉、淀粉、蛋液、泡打粉组合，米粉、面粉、淀粉、泡打粉组合，啤酒、面粉组合，发酵面与玉米淀粉组合等。

调制的粉浆最后要混合加入油脂、花生油，一方面防止表面干燥，另一方面有起酥作用。使用时糊层越薄透气性越好，效果越明显，糊层越厚越容易失败，会适得其反。

咸蛋黄焗南瓜

| 菜品类型：副 菜 |
| 烹调方法：煸 炒 |
| 准备时间：约10分钟 |
| 烹调时间：约10分钟 |
| 原料品种：南 瓜 |
| 菜式风格：京 式 |
| 主要厨具：炒锅、炸锅、漏勺、蒸锅、切刀、砧板 |

成品特点 菜式设计形态宛如金条，饱满而坚实、色泽金黄鲜艳、口味浓厚咸鲜香甜、口感外松酥而里软糯，蛋黄像沙一样绵软质感给人以无限的想象。

 原 料

主 料	南瓜300g
配 料	咸鸭蛋50g
调 料	黄酒10g 食盐5g 白糖5g 花生油500g

制作步骤

1 咸鸭蛋黄蒸熟后放在砧板上用刀具碾碎成细腻的蓉泥状。

2 南瓜去皮去瓤籽，切成筷子条放入玉米淀粉拌制粘挂均匀。

3 南瓜条逐个下入炸锅中，炸制定型捞出，沥干油脂。

4 锅中放入少量油加热，下入咸鸭蛋黄泥轻炒待咸鸭蛋黄泥均匀起白沫，加入少量黄酒、食盐、白糖即可倒入南瓜条。

5 轻轻翻拌炒制，让咸蛋黄泥均匀包裹在南瓜条上。

6 出锅装在餐盘中央，堆积成山形即可。

相关知识

焗

　　焗是广东地方传统烹调方法，北方广泛流行，与北方传统的烤制、焖制、烧制、燣制相似，有着广泛内容和含义。

　　焗的操作方法是原料均先经调料拌腌，再过油，然后放适量的调料和汤汁，用较小的火力加锅盖将原料焗熟，将水分蒸发。

　　焗菜因采用的调料不同，有蚝油焗、陈皮焗、香葱焗、西汁焗、奶酪焗、蛋黄焗、蒜子焗等。

　　因传热媒介不同，焗菜有瓦罐焗、煲仔焗、上汤焗、盐焗。煲仔焗用小砂锅直接烹调，原料从生到熟，讲究生鲜脆爽，没有多余的汤汁，盐焗就是把经调料腌渍的原料用刷过油的纸包裹起来，然后埋入炒热的盐粒中，利用食盐导热把原料焗熟。

蒸傀儡

菜品类型：	副 盘
烹调方法：	粉 蒸
准备时间：	约10分钟
烹调时间：	约10分钟
原料品种：	木勒芽
菜式风格：	京 式
主要厨具：	蒸锅、手勺、漏勺、笼屉、屉布、炒锅

成品特点 此菜式传承了北方农村民俗饮食文化的元素，原料古朴自然，丰俭由人，口感黏滑，颜色自然，配上蘸料，口味随心所欲。

制作步骤

1 将采摘的山野菜木勒芽清洗干净，控去多余的水分。
2 黄豆面、面粉、玉米面一同在炒锅中炒5分钟香味散出，呈金黄色后取出。
3 放在容器内，木勒芽撒入炒面，搅拌后全部散摊开。
4 用屉布包裹住，垫在蒸屉内蒸3~5分钟即可。
5 趁着热气腾腾盛入盘中，配上蘸料（蒜泥、辣椒油、食盐而成）食用。

原料

主料	木勒芽500g
配料	玉米面50g 黄豆面90g
调料	食盐5g 辣椒油50g 花椒油20g 蒜泥3g

又闻槐花香
相关知识
蝴蝶舞翩跹，蜜蜂采花忙；又是一年好时光，山里山外槐花香。蒸傀儡也叫蒸苦累、蒸苦勒，是北方民间传统风味菜式。

白灵菇浓汤

菜品类型：	头 盘
烹调方法：	烩 制
准备时间：	约10分钟
烹调时间：	约20分钟
原料品种：	白灵菇
菜式风格：	京 式
主要厨具：	煮锅、烤箱、手勺、切刀、过滤网、刷子、过滤器、汤盅

成品特点 此菜汤汁黏滑，封皮色泽金黄、酥脆芳香，汤汁颜色金黄明亮，口味鲜美芳香宜人，口感软嫩爽滑脆嫩，炽热温暖。

原料

主料 白灵菇100g

配料 酥面皮50g 南瓜50g 面粉30g

调料 食盐5g 花生油20g 黄酒30g 白胡椒粉5g 姜黄粉10g

制作步骤

1 将白灵菇清洗干净，切成大小一致的大圆片状。

2 用花生油将面粉和黄姜粉煸炒黄色，散发出香气、烹入黄酒，放入蒸好的南瓜蓉泥，煮成黄色黏稠芳香的浓汤，加入食盐、白胡椒调理好口味，过滤后汤汁用淀粉增稠。

3 选用耐高温的汤盅，放入蘑菇片，注入汤汁加上盅盖，封上酥面皮，划上刀纹，刷上蛋液，放入150℃烤箱，烤20分钟即可。

相关知识

白灵菇

白灵菇又名阿魏蘑、阿魏侧耳、阿魏菇，是南欧北非中亚内陆地区春末夏初生发的品质极为优良的一种大型肉质伞菌。人工广泛栽培的食用菌。白灵菇菇体色泽洁白，肉质细嫩，味美可口，被誉为"草原上的牛肝菌"，富含蛋白质15%，脂肪4%，粗纤维15%，氨基酸总量为11%，并含多种有益健康的矿物质，特别是真菌多糖，具有增强人体免疫力，调节人体生理平衡的作用。

川椒酱炒牛蛙

菜品类型：主 菜
烹调方法：煸 炒
准备时间：约20分钟
烹调时间：约5分钟
原料品种：牛蛙肉
菜式风格：京 式
主要厨具：炒锅、手勺、漏勺、切刀、砧板、洁布、粉碎机

成品特点 菜式色泽棕红，口味麻浓气息深厚，尤其是藤椒油的味道耐人寻味，回味咸鲜，层次分明，酱汁附着力强，浑然一体。

制作步骤

1 牛蛙肉经过基础加工整理清洗干净，去掉筋膜，切成边长为3厘米长的短状，或3厘米见方的块状。

2 加入酱油、黄酒、食盐、湿淀粉、胡椒粉、姜汁等调料腌制搅拌均匀，封闭放入冷却的环境之中静置待用。

3 豆瓣辣酱、大蒜、生姜、大葱一同粉碎成茸泥状，煸炒爆香加入酱油、花生酱、黄酒、食盐、湿淀粉等调料充分混合，加藤椒油调制成香辣咸鲜、颜色呈褐红色的复合味型酱汁。

4 热锅中放花生油煸炒蛙肉断生、成熟，控油。

5 酱汁煸炒致香，放入蛙肉，迅速颠翻炒制滋味融合，及时离火出锅。

6 蛙肉堆积盛入盘中，撒上酥脆的花生仁，进行必要的点缀装饰即可。

原 料

主 料	牛蛙200g
配 料	香酥花生仁30g

调 料 黄酒20g 食盐5g 淀粉10g 花生酱20g
胡椒粉5g 酱油10g 生姜10g 大蒜10g 藤椒油10g
大葱10g 豆瓣辣酱10g 花生油50g 姜汁10g

相关知识

藤椒油

藤椒学名竹叶花椒，简称竹叶椒，也叫野椒、山椒、竹叶花椒，是一种绿色花椒。对藤椒香气成分的提取、分析及抑菌性研究后发现，藤椒的果皮、种子、叶子所含化合物和化学成分，具有抗癌、抗衰老、抑菌等作用。藤椒在四川分布广泛，尤以清泉、峨眉山、洪雅藤椒品质最佳。藤椒油色口味清爽，麻香浓郁，麻味绵长，有着自然原始的野味。

酸辣乌鱼蛋汤

菜品类型：头　盘

烹调方法：烩　制

准备时间：约10分钟

烹调时间：约20分钟

原料品种：乌鱼蛋

菜式风格：鲁　式

主要厨具：煮锅、手勺、漏勺

成品特点　此菜品汤汁清澈，乳白的乌鱼钱，洁白如玉，犹如水中望月，格调清新别致，咸鲜清香，回味酸辣微弱口味，配上乌鱼蛋滑嫩优雅的口感，琉璃清澈的汤汁美妙极致。

 原料

主料　腌制乌鱼蛋50g

配料　香菜叶10g

调料　鸡清汤500g　食盐5g　黄酒10g　白胡椒粉5g

淀粉20g　香油5g　米醋10g　姜汁

相关知识

乌鱼蛋

　　乌鱼蛋由雌墨鱼的缠卵腺加工制成的，加工时，将鲜墨鱼的缠卵腺割下来，用明矾和食盐混合液腌制，使之脱水并使蛋白质凝固即为成品。乌鱼蛋卵圆形而稍扁，乳白色，大个乌鱼蛋似鸡蛋大小，小个似鸽蛋大小，主产于山东省。

制作步骤

1　将腌制乌鱼蛋清洗干净，剥去表层皮脂，放入凉水锅中煮制浸泡10分钟，将乌鱼蛋逐片地轻轻剥离，揭开成单片钱币状，放入清水浸泡10分钟，使用之前清洗干净，漂去腥臭气味。如此反复数次，除去咸腥苦涩浓重的滋味。

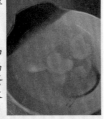

2　煮锅中鸡清汤烧开之后，撇去汤汁上面的浮沫，将汤汁清理干净。加入黄酒、姜汁、食盐、白胡椒粉等，调理成为金黄色泽和咸鲜味型。

3　淋入调稀的水淀粉，均匀增稠汤汁，使汤汁形成米汤芡的浓稠，放入乌鱼蛋片漂浮在汤汁中即可。

4　轻轻盛入汤碗，淋入适量的香油和米醋，配上香菜叶，完美极致。

蟹柳奶油泡泡浓汤

菜品类型：头 盘
烹调方法：烩 制
准备时间：约20分钟
烹调时间：约20分钟
原料品种：鱼 肉
菜式风格：京 式
主要厨具：煮锅、手勺、切刀、砧板、漏勺、洁布、滤网、蛋抽子、搅拌器、充气泵

成品特点 此菜式设计时尚现代，色泽洁白，汤面泛起密集泡沫，汤汁味道乳香浓郁，汤汁黏滑浓稠细腻，浪漫温馨。

制作步骤

1 炒锅放黄油将面粉炒香，冲入热牛奶，混合加入鱼浓汤、姜汁、食盐、白胡椒粉、白葡萄酒，迅速搅拌均匀，成浓稠的奶油浓汤。

2 人造蟹柳切成条块状，焯水后放在汤盘中。

3 调理好口味、颜色和黏稠度的奶油浓汤，放入溶化的大豆磷脂，用搅拌器抽打产生泡沫或采用充气泵填充产生泡沫后，及时盛入汤盘里，点缀装饰上虾头、小油菜即可。

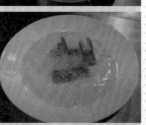
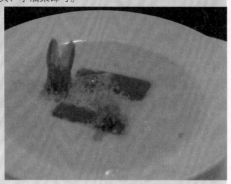

原料

主料 人造蟹柳100g

配料 虾头30g 小油菜15g

调料 大豆磷脂5g 白葡萄酒30g 黄油30g 牛奶100g 面粉20g 鱼浓汤200g 姜汁10g 食盐5g 白胡椒粉10g

相关知识

磷脂

磷脂是一种特殊调料，呈粉末或颗粒状，色淡黄，有种坚果香味，被广泛应用到面条改良剂、酱汁乳化剂、浓汤乳化剂，甚至用于调理米饭颗粒的饱满度。

按照原料的不同分为大豆磷脂、菜籽磷脂、蛋黄磷脂等。蛋黄磷脂磷脂酰胆碱高达70%。大豆卵磷脂被誉为与蛋白质、维生素并列的"第三营养素"。

磷脂的特性是不耐高温，温度在50℃的一定时间内，活性会逐渐破坏而消失，适合低温短时冷用。鸡蛋、海鲜、大豆及其制品、核桃、芝麻、葵花籽、动物肝脏和脑髓等都含有大量卵磷脂，最经济实惠的莫过于鱼头汤。

圆鱼山药浓汤

| 菜品类型：头 盘 |
| 烹调方法：焖 煮 |
| 准备时间：约20分钟 |
| 烹调时间：约20分钟 |
| 原料品种：圆 鱼 |
| 菜式风格：京 式 |
| 主要厨具：焖煮锅、蒸锅、手勺、漏勺、刮刀、过滤网 |

成品特点 此菜汤汁黏滑细腻，色泽明黄，口味咸鲜浓香醇厚，山药绵软黏滑，圆鱼肉块完整，肉质软嫩离骨。

原 料

主 料 圆鱼500g

配 料 山药200g

调 料 食盐5g 大葱段30g 生姜片30g 黄酒30g
胡椒粉5g 淀粉30g 姜黄粉10g 浓鸡汤1000g 花生油30g

相关知识

圆鱼的基础加工
　　活圆鱼加工要经过宰杀、放血、泡烫刮膜、开壳、清理内脏、摘洗、拍酸度等系列环节。

制作步骤

1 山药刮除外皮，清洗干净，切成滚刀块。
2 初加工整理的圆鱼，剁成核桃大小的三角块，浸泡除去部分血水，摘除油脂。
3 炒锅加入花生油煸炒葱姜放入圆鱼块，一同煸炒，焯水清洗干净。

4 煮锅小火煸炒姜黄粉成金黄色，散发香气，加入浓鸡汤，烹入黄酒，放入圆鱼、葱段、姜片、白胡椒粉、食盐，一起焖煮15分钟，加入山药块，再次焖煮10分钟。
5 挑出葱段、姜片，过滤汤汁后，淋入水淀粉增稠，使汤汁浓稠融为一体。

鱼香墨鱼卷

菜品类型：主 菜
烹调方法：爆 炒
准备时间：约20分钟
烹调时间：约10分钟
原料品种：墨鱼肉
菜式风格：川苏式
主要厨具：炒锅、手勺、切刀、砧板、漏勺、粉碎机

成品特点 此菜式成型完美简捷，麦穗花刀刀口均匀，色泽红润，口味酸甜鲜香，口感柔软爽脆，酱汁自然流畅。

制作步骤

1 将去籽的泡辣椒、豆瓣辣酱、姜汁、大蒜粉碎成蓉泥，炒锅中放入少量花生油，小火煸炒蓉泥透出香气，形成红润的油脂，加入黄酒、酱油、胡椒粉、米醋、白糖、食盐，烧开汤汁调理成香辣咸甜酸口味，淋入绿豆淀粉增稠处理，制成复合味型的鱼香汁。

2 墨鱼肉切成麦穗花刀，开水焯水处理后呈卷状，控净水分。

3 鱼香汁炒至黏稠，放入墨鱼卷，迅速翻炒均匀，滚粘酱汁。

4 堆积盛放，添加必要的点缀装饰即可。

原料

主料 墨鱼肉200g

调料 黄酒50g 泡辣椒40g 绿豆淀粉20g 豆瓣辣酱30g 胡椒粉10g 姜汁10g 花生油50g 大蒜20g 米醋20g 白糖20g 食盐5g 酱油10g

相关知识

麦穗花刀

将墨鱼骨板撕掉，将肉内外侧刮洗干净，去掉透明的薄膜，在内层倾斜45°斜刀剞上平行的刀纹，深度达厚度的五分之四。

与斜刀纹十字交叉，直刀切成平行的刀纹，深度达厚度的五分之四。

切割成菱形块状，清水浸泡刀纹散开。

炸弹鱿鱼

菜品类型：	饭 菜
烹调方法：	炸 制
准备时间：	约20分钟
烹调时间：	约5分钟
原料品种：	鱿 鱼
菜式风格：	京 式
主要厨具：	炸锅、手勺、漏勺、切刀、砧板、竹签

成品特点 此菜圆润饱满的造型如炸弹，外部颜色金黄，口感酥脆，口味鲜香，内部填瓤熟米饭柔软细腻。

原料

主料 鲜鱿鱼300g

配料 白米饭200g 面包糠100g

调料 食盐8g 香料5g 花茶5g 黄酒10g 白胡椒粉5g 薯类淀粉20g 花生油500g 白米醋10g 香油5g 鸡蛋50g

相关知识

食用油

食用油也称为"食油"，是指在制作食品过程中使用的动物或植物油脂。习惯上将常温下液态的称作"油"，常温下固态的称作"脂"。由于原料来源、加工工艺以及品质等原因，常见的食用油多为植物油脂。主要种类从油脂的来源讲，可分为陆地动物油脂、海洋动物油脂、植物油脂、乳脂和微生物油脂。

草本植物油：大豆油、花生油、菜籽油、葵花籽油、棉籽油、麻油（胡麻油）等。

木本植物油：油茶籽油（山茶油）、核桃油、椰子油、葡萄籽油、橄榄油、藤椒油、木姜子油等。

陆地动物油：大油、牛油、羊油、鸡油、鸭油等。

海洋动物油：鲸油、深海鱼油等。

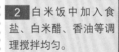

制作步骤

1 将鲜鱿鱼择洗干净，剥去表层皮脂，焯水清洗干净，放入茶卤（花茶、清水、黄酒、食盐、胡椒粉一同熬制而成）中浸泡卤味20分钟。茶卤有花茶和香料煮的卤水，清香浓郁，咸鲜适度，色泽红润。

2 白米饭中加入食盐、白米醋、香油等调理搅拌均匀。

3 擦干净鱿鱼表面的水分，里面填瓤白米饭，用牙签固定封口。

4 均匀滚粘上一层薯类淀粉，再挂粘蛋液，然后裹粘面包糠，按压紧密结实，放入150℃的花生油中炸至定型、酥脆、色泽金黄，取出控净油脂。用铡切或拉切的刀法，切成厚度为2厘米的段状。整齐排列放置在餐盘中。

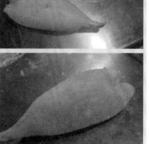

梅干菜炒腊肉

菜品类型：	副　菜
烹调方法：	煸　炒
准备时间：	约30分钟
烹调时间：	约10分钟
原料品种：	梅干菜与腊肉组合
菜式风格：	客　家
主要厨具：	炒锅、蒸箱、切刀、刮刀、砧板、保鲜膜

成品特点　菜式颜色黝黑光亮，口味浓厚咸鲜清香，口感柔韧，肉香菜鲜相互融合，古朴典雅，乡土风情浓郁。

制作步骤

1　梅菜干用温热水浸泡10分钟至柔软后，轻轻揉搓洗去泥沙，然后挤压沥干水分，切碎后加保鲜膜蒸透。

2　大蒜切成小片，生姜切小片，腊肉蒸透后冷却切成小片，大葱切成葱花。

3　锅里倒入花生油，加热后放入腊肉、蒜片、葱花、姜片一同煸炒爆香，加入蒸透的梅菜干，烹入黄酒，加入白砂糖和食盐继续翻拌煸炒，将水分炒制蒸发干爽，散出香气。

原料

主料	梅干菜200g
配料	腊肉50g
调料	黄酒5g　食盐2g　白砂糖5g　生姜10g
	花生油20g　大蒜10g　大葱10g

相关知识

梅菜干

　　梅菜的发祥地是在广东梅州（即旧时梅县），故叫梅菜。

　　现在梅菜是广东惠州的特产，又称为"惠州贡菜"。"苎萝西子十里绿，惠州梅菜一枝花"。作为惠州特产的梅菜自古以来就受到人们青睐。乡间民用新鲜的芥菜经晾晒、精选、飘盐等多道工序制成，色泽金黄、香气扑鼻，清甜爽口，不寒、不燥、不湿、不热，不仅可独成一味菜，又可以把作配料制成梅菜蒸猪肉、梅菜蒸牛肉、梅菜蒸鲜鱼等菜肴。

　　梅菜干既可清蒸、干炒、也可泡汤。与肉食烧炖肉香味醇厚，油而不腻；酷暑天用梅菜干泡汤，具有生津止渴、解暑开胃之功；烹调荤素小菜，味辛咸而清香，有诱食欲、助消化开胃消食功效。

　　梅菜干食用前先用温水浸泡25分钟后捞起。